健康果蔬汁

汪　涧◎主编

365

U0389403

吉林科学技术出版社

Author
作者简介

汪 涧 新闻媒体人

相信美食没有最好, 只有最爱

会享受生活的80后, 时尚辣妈

喜欢阳光、大海、瑜伽、发呆、美食……

热衷于尝试新事物, 喜欢下厨房

工作之余带着孩子到处玩

闲下来时为家人做美食

家人吃得开心自己更开心

主　编 汪　涧
编　委 李城果　蔡　雷　姚　新　陈立辉　刘玉利　高　峰　吴　宇
　　　　王元贵　郭鸿飞　尹启全　郭　莹　刘景丽　金忠榕　杨　辉
　　　　王　欢　钱晓龙　韩　冬　刘　志　宁一峰　田国志　张明亮
　　　　张　杰

回家吃饭、做饭是一种心情, 更是一种情感。

每天清晨做一道清淡可口的早餐, 为一天的学习和工作充足电; 中午时间仓促, 凉菜、炒菜更为便捷, 加上一杯浓浓的饮品, 营养更为均衡; 晚上做几道美味的家常菜肴, 不仅为自己和家人储备能量, 而且还可以与家人、朋友一起分享烹饪的乐趣, 让生活变得更丰富多彩。

本着方便实用、好学易做、面向家庭的宗旨, 我们为您编写了《原味小厨》系列丛书。《原味小厨》系列丛书既有介绍我国各地富有特色早餐和饮品的《营养早餐365》《健康果蔬汁365》; 按照家庭常用的技法编写而成的《爽口凉菜王》《滋养汤煲王》《精美小炒王》; 还有选料讲究、制作精细、味道独特的《秘制私房菜》; 招待亲朋好友小聚的《美味家常菜》; 面向烹饪新手的《新手入门菜》。

图书中介绍的每道家常菜肴, 不仅取材容易、制作简便、营养合理, 而且图文精美。对于一些重点菜肴中的关键步骤, 还配以多幅彩图加以分步详解, 可以使您能够抓住重点, 快速掌握, 真正烹调出美味的家常菜肴。

一套《原味小厨》在手, 足以满足您的所有需求, 教您轻松烹调出餐桌上的美味盛宴, 既可以让家人"餐餐滋味好, 顿顿营养全", 还可以使您从中享受到家的温馨、醇美和幸福。

目录
Contents

 Part ❶缤纷鲜果汁

Part 2 清爽 蔬菜汁

Part ❸ 坚果谷类汁

Part ❹ 怡神 茶咖啡

Part 1
缤纷鲜果汁

《健康果蔬汁365》

养气苹果汁 ⟨15分钟⟩

原料 苹果1个, 樱桃30克, 柠檬1/2个。

调料 蜂蜜1大匙。

制作步骤 ♥Method

1 将苹果洗净, 削去外皮, 切成两半, 去掉果核, 再切成小块。

2 将樱桃去蒂, 洗净, 除去果核; 柠檬去皮及核, 取出柠檬果肉。

3 将苹果块、樱桃果肉、柠檬果肉放入果汁机中, 用中速搅打均匀成果汁。

4 取出搅打好的果汁, 倒入杯中, 加入蜂蜜调匀即可。

苹果蛋花酒饮 ⟨25分钟⟩

原料 苹果1/2个, 鸡蛋1个, 甜酒250毫升。

调料 精盐少许, 白糖2大匙。

制作步骤 ♥Method

1 将苹果洗净, 削去外皮, 去掉果核, 切成小块, 放在容器内, 加上清水和少许精盐拌匀, 腌泡10分钟。

2 鸡蛋磕入碗中成鸡蛋液; 将苹果块取出, 沥水, 放入果汁机内。

3 先加入鸡蛋液, 再放入白糖, 倒入甜酒, 用中速搅打均匀成果汁, 取出。

4 把果汁放入不锈钢小锅内, 置火上加热3分钟, 离火, 装杯即可饮用。

芦荟苹果汁 ⟨15分钟⟩

原料 苹果1个 (约200克), 芦荟50克。

调料 矿泉水500毫升, 冰块适量。

制作步骤 ♥Method

1 将苹果洗净, 擦净水分, 削去外皮, 去掉果核, 切成小块。

2 将芦荟洗净, 削去外皮, 取芦荟果肉, 放入沸水锅内焯烫一下, 捞出, 切成小丁。

3 将苹果块、芦荟丁放入果汁机中, 加入矿泉水搅打均匀成果汁。

4 取出果汁, 再倒入杯中, 放入少许冰块调匀, 即可饮用。

草莓苹果汁 /20 分钟

原料 苹果200克,草莓100克。

调料 精盐少许,糖浆2大匙,矿泉水1000毫升,冰块适量。

制作步骤 Method

1 将苹果洗净,去皮及核,切成小块;草莓去蒂,放人盆内,加上清水和精盐拌匀,浸泡10分钟,取出,再换清水洗净。

2 把苹果块、草莓放入果汁机中,加入矿泉水搅打均匀成果汁。

3 将果汁分别倒入玻璃杯中,加入糖浆、冰块调匀即可。

姜味苹果汁 /15 分钟

原料 苹果、橙子各2个。

调料 鲜姜25克,蜂蜜2大匙,冰块适量。

制作步骤 Method

1 将鲜姜削去外片,洗净,切成大片;苹果洗净,去除果皮、果核,切成小块;橙子去皮,也切成块。

2 将苹果块、橙子块、姜片、蜂蜜一同放入果汁机中,用中速搅打成果汁,倒入杯中,再加入冰块拌匀即可。

玉米苹果汁 ⑮分钟

原料 苹果1个，罐装玉米粒100克。

调料 鲜奶100克，糖油50克，冰块适量。

制作步骤 ♥Method

1 将苹果洗净，削去外皮，切成两半，再去掉果核，切成小块；取出罐装玉米粒，放入沸水锅内焯烫一下，捞出过凉，沥水。

2 将苹果块、玉米粒放入果汁机内，加入奶油、糖油搅打成锅汁，取出，倒入杯中，再加入冰块拌匀即可。

苹果菠菜汁 ⑳分钟

原料 苹果150克，菠菜100克，西芹75克。

调料 精盐少许，蜂蜜3大匙。

制作步骤 ♥Method

1 将苹果洗净，削去外皮，切成两半，去掉果核，切成小块。

2 将菠菜去根和老叶，用淡盐水洗净，沥水，切成小段；西芹摘洗干净，切成小段。

3 将苹果块、菠菜段、西芹段放入果汁机中，中速搅打成果汁。

4 把打好的果汁取出，先加上蜂蜜拌匀，再倒入杯中即可。

三叶草苹果汁 15 分钟

原料 苹果1个，三叶草1棵，紫苏叶少许。

调料 蜂蜜2大匙，矿泉水适量。

制作步骤 Method

1 将苹果去蒂，洗净，削去外皮，切开后去掉果核，再切成小块。

2 将三叶草用清水浸泡并洗净，沥水，切成段；紫苏叶洗净，切碎。

3 将苹果块、三叶草段、紫苏叶碎放入果汁机中，倒入矿泉水。

4 中速搅打成果汁，取出，加入蜂蜜搅拌均匀，放入玻璃杯中即可。

苹果蜜汁 15 分钟

原料 苹果1个，苹果汁60毫升。

调料 蜂蜜1小匙，矿泉水、碎冰块各适量。

制作步骤 Method

1 将苹果去蒂，洗净，削去外皮，切开后去掉果核，再切成小块。

2 将芹菜择洗干净，切成小段；芦荟洗净，去皮，切块备用。

3 将苹果、芹菜、芦荟放入果汁机中，加入矿泉水搅打均匀。

4 再倒入杯中，加入蜂蜜、冰块调拌均匀，即可饮用。

苹果瘦身果汁 10 分钟

原料 苹果2个，白梨1个，柠檬1/2个。

调料 白糖2大匙。

制作步骤 Method

1 将苹果洗净，削去外皮，切开成两半，去掉果核，再切成小块。

2 白梨去蒂，洗净，削去外皮，去掉果核，切成小块；柠檬切成圆片。

3 将苹果块、白梨块、柠檬片（留1片）放入果汁机中。

4 再加入白糖搅打成果汁，然后倒入杯中，摆上1片柠檬片即可。

红参西瓜汁 (15 分钟)

原料 西瓜200克, 胡萝卜150克。

调料 白糖2小匙, 蜂蜜1大匙, 柠檬汁1小匙, 碎冰块适量。

制作步骤 ♥*Method*

1 将西瓜挖出西瓜的果肉, 去掉西瓜子, 切成小块; 胡萝卜去根, 洗净, 沥水, 削去外皮, 切成小块。

2 将西瓜块、胡萝卜块、白糖放入果汁机中搅打成果汁。

3 取出倒入玻璃杯中, 加入蜂蜜、柠檬汁、碎冰块调匀即可。

西瓜香梨汁 (10 分钟)

原料 西瓜300克, 香梨150克。

调料 碎冰块适量。

制作步骤 ♥*Method*

1 将西瓜挖出西瓜的果肉, 去掉西瓜子, 再切成小块。

2 把香梨去蒂, 洗净, 削去外皮, 切开成两半, 去掉果核, 切成块。

3 将西瓜块、香梨块放入果汁机中, 加入少许碎冰块, 用中速搅打成果汁。

4 把搅打好的果汁倒入玻璃杯中, 加入剩余的碎冰块调匀, 即可饮用。

西瓜香橙汁 (10 分钟)

原料 西瓜300克, 香橙1个。

调料 冰块适量。

制作步骤 ♥*Method*

1 将西瓜挖出西瓜的果肉, 去掉西瓜子, 再切成小块; 冰块砸成碎粒。

2 把香橙剥去外皮, 取香橙瓣, 剥去白色的筋膜, 切成丁。

3 将西瓜块放入果汁机中, 加入香橙丁和少许碎冰块调匀。

4 再用中速搅打均匀成果汁, 取出倒入杯中, 放入少许碎冰块调匀即可。

双瓜山楂饮 20分钟

原料 西瓜200克,黄瓜150克,山楂100克。

调料 白糖2大匙。

制作步骤 Method

1 将西瓜挖出果肉,去掉西瓜子,切成小块;山楂去蒂,用清水洗净,沥水,切成两半,去掉果核。

2 把黄瓜去根,削去外皮,再用清水洗净,切成小块。

3 将西瓜块、黄瓜块、山楂和白糖全部放入果汁机中。

4 用中速搅打均匀成果汁,取出,倒在玻璃杯内,即可饮用。

蓝莓西瓜汁 10分钟

原料 西瓜150克,猕猴桃1个,蓝莓50克。

调料 精盐少许,蜂蜜1大匙,矿泉水适量。

制作步骤 Method

1 将西瓜去皮,留西瓜的果肉,再去掉西瓜子,切成小块。

2 蓝莓去蒂,放入淡盐水中浸泡片刻并洗净,取出,沥干水分;将猕猴桃洗净,剥去外皮,切成小块。

3 将西瓜块、猕猴桃块、蓝莓放入果汁机中,加入矿泉水、蜂蜜调匀,再搅打均匀成果汁,倒入杯中,即可饮用。

西瓜柠檬汁 15分钟

原料 西瓜150克,白萝卜100克。

调料 柠檬汁2大匙,蜂蜜1大匙,白糖少许,矿泉水适量。

制作步骤 Method

1 将西瓜削去外皮,取西瓜果肉,去掉西瓜子,切成小块;白萝卜去根,洗净,削去外皮,切成大块。

2 将西瓜块、白萝卜块放入果汁机中,加入矿泉水搅打均匀。

3 取出,倒在容器内成果汁,再加上柠檬汁、封面和白糖调匀,即可倒入杯中饮用。

营养冰沙 ◢10◣分钟

原料 橙子2个，葡萄柚1个，柠檬1/2个。

调料 矿泉水、冰块各适量。

制作步骤 ◢Method

1 将橙子洗净，切成两半，剥去外皮，去掉白色筋膜，切成小块。

2 将葡萄柚、柠檬分别洗净，剥去外皮，切成小瓣，再去核，取出果肉备用。

3 将橙子、葡萄柚、柠檬放入果汁机中，加入矿泉水搅打均匀。

4 然后倒入玻璃杯中，加入打碎的冰块，调匀即可饮用。

香蕉柳橙汁 ◢10◣分钟

原料 橙子(柳橙)2个，香蕉1根。

调料 蜂蜜1大匙，冰块、矿泉水各适量。

制作步骤 ◢Method

1 将橙子洗净，擦净水分，切成小瓣，再去掉外皮及果核，取净果肉。

2 将香蕉剥去外皮，切成小块；冰块用利器砸成碎粒。

3 将橙子块、香蕉块放入果汁机中，加入矿泉水搅打均匀成果汁。

4 取出后分别倒入玻璃杯中，再加上碎冰块、蜂蜜调匀即可。

凤梨橙汁 ◢15◣分钟

原料 橙子、西红柿各1个，菠萝(凤梨)2大片，西芹1/2棵，柠檬1/3个。

调料 蜂蜜2大匙。

制作步骤 ◢Method

1 将橙子洗净，切成两半，剥去外皮，去掉白色筋膜，切成小块。

2 西红柿去蒂，洗净，切成块；柠檬洗净，切成小瓣，去皮及子；西芹去根，洗净，沥水，去掉筋，切成小段。

3 将橙子块、西红柿块、菠萝片、西芹、柠檬放入果汁机中，再加入蜂蜜，用中速搅打均匀成果汁即可。

香橙玫瑰汁 20分钟

原料 橙子1个, 浓玫瑰果汁200毫升, 柠檬汁15毫升, 琼脂粉少许。

调料 蜂蜜1大匙, 矿泉水适量。

制作步骤 ◆*Method*

1 将橙子洗净, 切成小瓣, 再去皮及核, 取出果肉, 然后放入果汁机中, 搅打成橙汁。

2 坐锅点火, 加入浓玫瑰果汁和矿泉水烧沸, 再放入琼脂粉, 用小火煮约2分钟, 然后加入蜂蜜调匀成琼脂汁。

3 将煮好琼脂汁倒入杯中冷却, 饮前加入柠檬汁、橙汁调匀即可。

柠檬橙汁 15分钟

原料 香橙2个, 柠檬1个。

调料 蜂蜜1大匙, 冰块适量。

制作步骤 ◆*Method*

1 将柠檬洗净, 擦净水分, 放在压汁器内, 榨取柠檬汁。

2 橙子洗净, 剥去外皮, 去掉白色筋膜, 取橙肉, 切成小块。

3 将橙肉块放入果汁机内, 先放入打碎的冰块调匀。

4 再放入柠檬汁和蜂蜜, 用中速搅打成果汁, 取出倒入杯中, 即可饮用。

香橙番茄柠檬汁 20分钟

原料） 橙子1个, 西红柿1/2个, 柠檬1/3个。

调料） 蜂蜜1大匙, 矿泉水适量。

制作步骤 ♥Method

1 将西红柿去蒂, 洗净, 放入沸水锅中焯烫一下, 捞出, 用冷水冲凉, 沥水, 再撕去外皮, 切成小块。

2 将橙子洗净, 切成小瓣, 去皮及核, 取出果肉; 柠檬去皮, 去子, 切成小块。

3 将加工好的西红柿块、橙子块、柠檬块放入果汁机中。

4 再加入矿泉水、蜂蜜搅打均匀成果汁, 即可倒入杯中饮用。

香橙薄荷汁 10分钟

原料） 橙子2个, 薄荷3片。

调料） 糖油100克, 矿泉水250克。

制作步骤 ♥Method

1 将橙子剥去外皮, 去掉白色筋膜, 取橙子果肉, 去掉子, 切成块。

2 将橙肉块、蜂蜜、矿泉水一同放入果汁机中搅打成果汁, 倒入杯中后拌匀, 点缀上洗净的薄荷叶即可。

雪莲香橙汁 (60分钟)

原料 橙子1个, 胡萝卜1/3根, 莲子15克。

调料 纯净水500毫升。

制作步骤 • Method

1 将莲子洗净, 放入温水中浸泡30分钟至发涨, 取出, 沥水, 去掉莲子心; 胡萝卜洗净, 去皮, 切成细丝。

2 将橙子洗净, 切成小瓣, 再去掉果皮及果核, 取出果肉。

3 将胡萝卜丝、橙子放入果汁机中, 先加入300毫升纯净水打细。

4 再倒入剩下的纯净水打匀成果汁, 然后倒入杯中, 加入莲子搅匀即可。

香橙木瓜汁 (10分钟)

原料 橙子2个, 木瓜1/5个。

调料 蜂蜜2小匙, 矿泉水适量。

制作步骤 • Method

1 将橙子洗净, 切成小瓣, 再去掉外皮和果核, 取出橙子的果肉。

2 将木瓜洗净, 削去外皮, 再去掉木瓜子, 切成小块。

3 将橙子块、木瓜块放入果汁机中, 加入矿泉水搅打均匀成果汁。

4 再加入蜂蜜调拌均匀, 取出, 分盛在玻璃杯中, 即可饮用。

香橙苹果汁 (15分钟)

原料 橙子2个, 苹果1个, 胡萝卜100克。

调料 蜂蜜1大匙, 矿泉水适量。

制作步骤 • Method

1 将胡萝卜洗净, 沥净水分, 去根, 削去外皮, 切成厚片。

2 苹果去掉蒂, 洗净, 擦净水分, 削去外皮, 去掉果核, 切成小块。

3 将橙子洗净, 切成小瓣, 去掉外皮及核, 取出果肉, 然后放入果汁机中搅打成橙汁。

4 将胡萝卜、苹果块放入果汁机中搅打成果汁, 取出, 倒入杯中, 再加上矿泉水、橙汁、蜂蜜调匀即可。

梦幻冰饮 ⟨25 分钟⟩

原料 橙子1个，菠萝1/10个，红葡萄酒25毫升，红石榴汁少许。

调料 精盐少许，蜂蜜1大匙，冰块适量。

制作步骤 Method

1 将橙子洗净，切成小瓣，再去掉果皮及果核，取出橙子果肉。

2 将菠萝削去外皮，切成小块，放入容器内，加上精盐和清水浸泡10分钟，取出。

3 将橙子果肉、菠萝块放入果汁机中，先加入红葡萄酒调匀。

4 再加入红石榴汁、蜂蜜，中速搅打均匀成汁，倒入杯中，放入冰块调匀即可。

香橙红椒汁 ⟨15 分钟⟩

原料 橙子1个，胡萝卜1根，红椒1/2个。

调料 精盐少许，蜂蜜2大匙，矿泉水适量。

制作步骤 Method

1 将胡萝卜洗净，去根，削去外皮，刨成粗丝，加上精盐拌匀，腌渍出水分，攥干；红椒洗净，去蒂，去籽，切成小块。

2 将橙子洗净，切成小瓣，再去掉橙皮及橙核，取出果肉。

3 将胡萝卜丝、红椒块、橙肉放入果汁机中，加入矿泉水、蜂蜜搅打均匀成果汁，取出倒入玻璃杯内，即可饮用。

鲜橙汁 ⟨15 分钟⟩

原料 鲜橙3个（约300克），菠萝100克。

调料 精盐少许，蜂蜜1大匙，冰块适量。

制作步骤 Method

1 将鲜橙洗净，切成小瓣，再去掉果皮及果核，取出果肉。

2 菠萝削去外皮，切成小块，放在容器内，加入精盐和适量清水拌匀，腌泡5分钟，取出菠萝块，沥净水分。

3 将鲜橙果肉、菠萝块放入果汁机中，用中速搅打成果汁，再倒入玻璃杯中，加入蜂蜜、冰块调匀即可。

凤梨蜜橘汁 10分钟

原料 菠萝1/2个, 橘子2个。

调料 蜂蜜1大匙, 矿泉水适量。

制作步骤 Method

1 将菠萝用刀削去外皮, 用清水冲净, 沥水, 切成小块。

2 橘子剥去外皮, 去掉果核, 剥成小瓣 (白膜不必去除)。

3 将菠萝、橘子放入果汁机中, 加入蜂蜜及矿泉水搅打成汁, 即可倒入杯中。

凤梨西芹汁 15分钟

原料 菠萝200克, 西芹100克。

调料 糖油30克, 精盐少许, 蜂蜜1大匙, 纯净水250克, 冰块适量。

制作步骤 Method

1 将西芹去根, 去叶, 留嫩西芹茎, 用清水洗净, 沥净水分, 切成小段。

2 菠萝削去外皮, 洗净, 切成小块, 放在容器内, 加上精盐和清水浸泡片刻, 取出。

3 将菠萝块、西芹段、糖油、矿泉水一同放入果汁机中搅打成果汁。

4 取出果汁, 倒入玻璃杯中, 再加入蜂蜜和冰块拌匀即可。

红参凤梨汁 10 分钟

原料 胡萝卜150克，菠萝250克。

调料 糖油70克，矿泉水400克。

制作步骤 Method

1 将胡萝卜洗净，擦净水分，去掉菜根，削去外皮，切成小块；菠萝去皮，去果眼，用淡盐水浸泡并洗净，切成小块。

2 将菠萝块、胡萝卜、糖油、矿泉水一同放入果汁机中，用中速搅打成果汁，取出，倒入玻璃杯中拌匀，即可饮用。

凤梨杂果汁 20 分钟

原料 菠萝1/2个，橙汁75毫升，柠檬汁25毫升，红石榴汁15毫升。

调料 精盐少许，蜂蜜2大匙，冰块适量。

制作步骤 Method

1 将菠萝削去外皮，放在容器内，加入精盐和清水拌匀，泡10分钟，捞出菠萝，沥净水分，切成小块。

2 将菠萝块放入果汁机中，加入柠檬汁、橙汁、红石榴汁、蜂蜜搅打均匀成果汁。

3 取出果汁，再倒入玻璃杯中，放入冰块搅匀，即可饮用。

鲜菠萝汁 20分钟

原料 菠萝1/2个。

调料 精盐少许,白糖1小匙,蜂蜜2大匙,纯净水、冰块各适量。

制作步骤 *Method*

1 将菠萝削去外皮,挖去果眼,放在容器内,加入精盐和适量的清水拌匀,腌泡10分钟,再换清水洗净,沥净水分,切成小块。

2 将菠萝块放入果汁机内,加入白糖、蜂蜜和纯净水,盖上果汁机的盖子。

3 用中速搅打成果汁,取出后倒入玻璃杯中,加入冰块拌匀即可。

菠萝润肤汁 20分钟

原料 菠萝1/3个,橙子、橘子各1个。

调料 精盐少许,矿泉水适量。

制作步骤 *Method*

1 将菠萝削去外皮,挖去果眼,放入淡盐水中浸泡几分钟,取出,沥净水分,切成小块。

2 橘子剥去外皮,剥取橘子小瓣,再去除橘子瓣的白膜。

3 将橙子洗净,切成两半,剥去外皮,去掉果核,取净果肉,切成小块。

4 将菠萝块、橙子块、橘子瓣放入果汁机中,加入矿泉水搅打均匀,即可倒入杯中。

菠萝香橙汁 20分钟

原料 菠萝1/3个,香橙1个。

调料 精盐少许,冰块、矿泉水各适量。

制作步骤 *Method*

1 将菠萝削去外皮,挖去果眼,放在容器内,加上精盐、清水拌匀,浸泡10分钟,取出,沥净水分,切成小块。

2 香橙剥去外皮,取香橙瓣,去掉白色筋膜,再把香橙瓣切成小块。

3 将菠萝块、香橙瓣放入果汁机中,加入矿泉水搅打均匀成果汁。

4 取出果汁,分别倒入玻璃杯中,加入砸碎的冰块调匀,即可饮用。

菠萝香蕉汁 15分钟

原料 菠萝1/3个（约300克），芒果1/2个，橙子100克，香蕉75克。

调料 矿泉水适量。

制作步骤 *Method*

1 将香蕉剥去果皮，取香蕉果肉，切成小块；菠萝削去外皮，放入淡盐水中浸泡并洗净，取出，切成小块。

2 芒果剥去外皮，去掉芒果核，切成小块；将橙子洗净，切成小瓣，再去掉外皮及果核，取出橙子果肉。

3 将菠萝、香蕉、芒果、橙子放入果汁机中，加入矿泉水搅打均匀成果汁即成。

菠萝石榴汁 20分钟

原料 菠萝1/2个（约500克），橙汁100毫升，红石榴1个。

调料 白糖2大匙，冰块适量。

制作步骤 *Method*

1 将菠萝削去外皮，挖去果眼，取菠萝果肉，放入淡盐水中浸泡并洗净，捞出，沥净水分，切成小块。

2 把红石榴去蒂，切成两半，剥去果皮，取红石榴瓣，去掉石榴子。

3 将菠萝块、红石榴瓣放入果汁机中，加入橙汁、白糖、冰块搅打均匀成果汁，再倒入玻璃杯中，即可饮用。

菠萝果菜汁 20分钟

原料 菠萝1/3个，橙子1/2个，卷心菜100克。

调料 精盐少许，蜂蜜1大匙，矿泉水500克，冰块适量。

制作步骤 *Method*

1 将卷心菜剥去外层老皮，去掉菜根，用清水洗净，沥水，撕成小块。

2 菠萝削去外皮，切成小块，放入淡盐水中浸泡片刻，捞出沥水；橙子洗净，切成小瓣，去掉外皮及果核，取出果肉。

3 将菠萝块、卷心菜块、橙子放入果汁机中，加入矿泉水、蜂蜜、冰块搅打均匀成果汁，倒入杯中，即可饮用。

菠萝鲜桃汁 `20分钟`

原料 菠萝1/3个, 绿豆芽100克, 桃(罐头)2小块, 桃汁(罐头)25毫升。

调料 矿泉水适量。

制作步骤 ·Method

1 将菠萝削去外皮, 挖去果眼, 用淡盐水浸泡片刻, 捞出沥水, 切成小块。

2 把绿豆芽掐去两端, 用清水浸泡并洗净, 捞出, 沥净水分。

3 将菠萝块、绿豆芽、桃块放入果汁机中, 加入矿泉水、桃汁搅打均匀成果汁, 即可倒入杯中饮用。

南国风情水果汁 `20分钟`

原料 菠萝1/3个, 橙汁75毫升, 红石榴汁、柠檬汁各25毫升, 鸡蛋黄1个。

调料 红葡萄酒100毫升, 椰奶75毫升, 汽水50毫升, 冰块适量。

制作步骤 ·Method

1 将菠萝削去果眼, 挖去果眼, 用淡盐水浸泡并洗净, 捞出, 沥净水分, 切成小块。

2 将菠萝块放入果汁机中, 先加入鸡蛋黄、橙汁、椰奶、红石榴汁、柠檬汁、红葡萄酒搅打均匀成果汁。

3 将搅好的果汁倒入玻璃杯中, 加入汽水, 放入砸碎的冰块调匀即可。

菠萝橘子芒果汁 `15分钟`

原料 菠萝1/3个, 芒果1/2个, 橘子1个。

调料 精盐少许, 蜂蜜1大匙, 白糖2小匙, 矿泉水适量。

制作步骤 ·Method

1 将菠萝削去果皮, 去掉果眼, 用淡盐水浸泡并洗净, 捞出, 沥水, 切成小块。

2 橘子剥去外皮, 剥取小瓣, 去掉白色筋络, 再去掉子; 芒果洗净, 剥去外皮, 去掉果核, 切成小块。

3 将菠萝块、橘子瓣、芒果块放入果汁机中, 加入矿泉水、蜂蜜、白糖搅打均匀成果汁, 即可倒入杯中。

芝麻豆浆梨汁 15分钟

原料 鸭梨1个（约200克），豆浆150毫升，香蕉1个，白芝麻30克。

调料 蜂蜜2大匙。

制作步骤 • Method

1 将鸭梨洗净，削去外皮，切成两半，去掉果核，切成小块；香蕉剥去外皮，取净香蕉果肉，切成块。

2 先把整理好的鸭梨块、香蕉块和白芝麻放入果汁机中。

3 再倒入豆浆、蜂蜜，盖上果汁机盖，用中速搅打均匀成汁，即可倒入杯中饮用。

鲜姜雪梨汁 10分钟

原料 雪梨2个。

调料 鲜姜1大块（约30克），蜂蜜2大匙，矿泉水、冰块各适量。

制作步骤 • Method

1 将雪梨洗净，削去外皮，切成两半，去掉果核，切成小块。

2 鲜姜洗净，擦净水分，削去外皮，切成大片；冰块杂成碎粒。

3 将雪梨块、鲜姜片放入果汁机中，中速搅打成果汁。

4 再倒入玻璃杯中，加入蜂蜜、矿泉水、碎冰块调匀，即可饮用。

香梨苹果醋 20分钟

原料 白梨1个，山楂100克。

调料 苹果醋1大匙，矿泉水200克，冰块适量。

制作步骤 • Method

1 把白梨洗净，沥水，削去外皮，切成两半，去掉果核，切成小块。

2 将山楂去掉果蒂，用清水洗净，擦净水分，切成两半，去掉山楂子。

3 把白梨块、山楂、矿泉水、苹果醋放入果汁机中拌匀。

4 用中速搅打均匀成果汁，取出，倒入玻璃杯中，再加上冰块调匀即成。

黑豆香蕉汁 12 小时

原料 香蕉2根（约250克），黑豆50克，黑蜜2大匙，绿茶水少许。

调料 白糖2大匙。

制作步骤 *Method*

1 将香蕉剥去外皮，取香蕉果肉，切成小段；黑豆洗净，再放入清水盆内浸泡12小时至发涨，捞出。

2 坐锅点火，加入适量清水烧沸，先放入黑豆略煮，再加入白糖煮至熟烂，捞出。

3 将香蕉块放入果汁机内，再加入煮好的黑豆，放入绿茶水和黑蜜，用中速搅打均匀成果汁，即可饮用。

雪梨生菜汁 15 分钟

原料 雪梨2个，生菜150克。

调料 矿泉水250克，冰块适量。

制作步骤 *Method*

1 将生菜去根，用清水浸泡并洗净，取出，沥净水分，撕成大片；雪梨洗净，削去外皮，去掉果核，切成小块。

2 将雪梨块、生菜片、矿泉水一同放入果汁机中，匀速搅打成果汁，倒入玻璃杯中，再加入冰块拌匀即可。

橘子香蕉汁 ⏱15分钟

原料 香蕉200克，橘子1个。

调料 蜂蜜1大匙，碎冰块、矿泉水各适量。

制作步骤 *Method*

1 将香蕉剥去外皮，取香蕉果肉，切成小块；橘子剥去外皮，取出橘子瓣，除去白膜，再去掉子。

2 将香蕉块、橘子瓣放入果汁机中，先加入矿泉水、蜂蜜调匀，盖上机器盖，再用中速搅打均匀成果汁。

3 取出搅打好的果汁，倒入玻璃杯中，放入碎冰块调匀即可。

西瓜雪梨汁 ⏱10分钟

原料 西瓜250克，雪梨1个。

调料 冰块适量。

制作步骤 *Method*

1 将西瓜削去外皮，取西瓜瓤，再去掉西瓜子，切成小块；雪梨洗净，削去果皮，去掉果核，切成小块。

2 将雪梨块、西瓜块一同放入果汁机中，中速搅打成果汁，倒入玻璃杯中，再加入冰块拌匀，即可饮用。

麦芽山楂汁 25分钟

原料 山楂100克，麦芽25克。

调料 冰糖2大匙，纯净水400毫升。

制作步骤 Method

1. 将山楂洗净，去蒂，切开成两半，去掉山楂子，再切成小片。

2. 净锅置火上烧热，放入麦芽，用小火煸炒几分钟至熟，取出晾凉。

3. 将山楂片、炒熟的麦芽放入容器内，加入烧沸的纯净水冲泡。

4. 再加盖焖约5分钟，然后放入冰糖调匀，即可饮用。

山楂蜜汁 15分钟

原料 山楂250克。

调料 蜂蜜1大匙，白糖2大匙，糖桂花少许，矿泉水适量。

制作步骤 Method

1. 山楂洗净，去掉蒂，切开成两半，去掉山楂子，再切成小片。

2. 净锅置火上，加入矿泉水，先放入山楂片，用旺火烧沸。

3. 再转小火煮至山楂烂熟，然后放入白糖、蜂蜜、糖桂花煮匀。

4. 离火出锅，晾凉后过滤，去掉杂质，倒入玻璃杯内，即可饮用。

红糖山楂汁 10分钟

原料 山楂200克。

调料 红糖60克，蜂蜜1大匙，矿泉水400克，冰块适量。

制作步骤 Method

1. 将山楂洗净，去掉蒂，切开成两半，去掉山楂子，再切成小片。

2. 将山楂片放入果汁机中，加入红糖、矿泉水搅打均匀成山楂汁。

3. 取出山楂汁，倒入玻璃杯中，加入蜂蜜、砸碎的冰块调匀即可。

西芹生菜葡萄汁 15分钟

原料 葡萄15粒，西芹100克，生菜75克。

调料 蜂蜜、冰块各适量。

制作步骤 ·Method

1 将葡萄粒洗净，剥去皮，去掉葡萄子；生菜洗净，沥净水分，先去掉菜根，取嫩生菜叶，撕成大块。

2 将西芹去根和老叶，撕去老筋，用清水洗净，沥水，切成小段。

3 将葡萄粒、生菜叶、西芹段放入果汁机中搅打成汁，再倒入杯中，加入冰块、蜂蜜调匀即可饮用。

葡萄柠檬汁 10分钟

原料 葡萄20粒，柠檬1/2个。

调料 白砂糖100克，冰块适量。

制作步骤 ·Method

1 将葡萄粒洗净，剥去皮，去掉葡萄子；冰块砸成碎粒。

2 柠檬洗净，削去外皮，去掉柠檬子，用榨汁器榨取柠檬汁。

3 将葡萄粒放入果汁机中，加入柠檬汁、白砂糖搅打均匀成果汁。

4 取出果汁，倒入玻璃杯内，再加入砸碎的冰块调匀，即可饮用。

美肤补血果汁 20分钟

原料 紫葡萄25粒，西红柿1个，菠萝1/6个，苹果1/3个。

调料 冰块适量。

制作步骤 ·Method

1 菠萝削去外皮，挖去果眼，冲洗干净，取菠萝净果肉，切成小块；将葡萄粒洗净，剥去皮，去掉葡萄子。

2 将西红柿去蒂，洗净，切成小块；苹果洗净，去皮及核，也切成小块。

3 将葡萄粒、西红柿块、菠萝块、苹果块放入果汁机中搅打成果汁，再倒入玻璃杯中，加入冰块调匀即可。

猕猴桃柠檬汁 10分钟

原料）猕猴桃2个，柠檬1个。

调料）冰块适量。

制作步骤 ·Method

1 将猕猴桃洗净，剥去外皮，去掉猕猴桃的子，切成小块。

2 柠檬洗净，削去外皮，去掉柠檬子，用压汁器榨取柠檬汁。

3 将猕猴桃块放入果汁机中，加入柠檬汁搅打均匀成果汁。

4 倒入玻璃杯中，加入砸碎的冰块调拌均匀，即可饮用。

安神猕猴桃汁 15分钟

原料）猕猴桃3个，卷心菜100克，薄荷3片。

调料）矿泉水250克。

制作步骤 ·Method

1 将卷心菜去掉老叶，去掉菜根，洗净，放入沸水锅内焯烫至熟，捞出过凉，撕成大片；猕猴桃洗净，去皮，切成小块。

2 将猕猴桃块、卷心菜片、薄荷叶、矿泉水一同放入果汁机中搅打成果汁，取出，倒入玻璃杯中拌匀即可。

芒果猕猴桃汁

15 分钟

原料 芒果1个，猕猴桃2个。

调料 蜂蜜2大匙，矿泉水250克，冰块适量。

制作步骤 ♥ Method

1 将芒果洗净，剥去外皮，去掉芒果核，切成小块；猕猴桃剥去外皮，去掉猕猴桃子，也切成小块。

2 将芒果块、猕猴桃块、蜂蜜、矿泉水一同放入果汁机中搅打成汁，倒入杯中，再加入冰块拌匀即可。

猕猴桃香蕉汁

10 分钟

原料 猕猴桃1个，香蕉1根。

调料 蜂蜜1大匙，白糖2小匙，矿泉水200克，冰块适量。

制作步骤 ♥ Method

1 把猕猴桃洗净，剥去外皮，去掉猕猴桃子，切成小块。

2 将香蕉去皮，取香蕉果肉，切成小块；冰块用利器砸碎。

3 将猕猴桃块、香蕉块放入果汁机中，加入矿泉水、蜂蜜、白糖调匀。

4 用中速搅打均匀成果汁，取出，倒入玻璃杯中，加上碎冰块调匀，即可饮用。

桃果西芹汁 15分钟

原料 狝猴桃2个，青苹果1个，西芹30克，薄荷汁10毫升。

调料 冰块适量。

制作步骤 Method

1 把狝猴桃洗净，剥去外皮，去掉狝猴桃子，切成小块。

2 青苹果洗净，削去果皮，去掉果核，切成小块；西芹洗净，去菜叶、老筋，切成小段。

3 将狝猴桃块、青苹果块、西芹段放入果汁机中，加入薄荷汁搅打均匀成果汁，即可倒入杯中，加上冰块拌匀即成。

西芹狝猴桃芽菜汁 10分钟

原料 狝猴桃1个，西芹150克，绿豆芽75克。

调料 蜂蜜3大匙，矿泉水适量。

制作步骤 Method

1 把狝猴桃洗净，剥去外皮，去掉狝猴桃子，切成小块。

2 把绿豆芽掐去两端，用清水浸泡并洗净，捞出，沥净水分；将西芹摘洗干净，去除老筋，切成大段。

3 将狝猴桃块、绿豆芽、西芹段放入果汁机中，加入矿泉水、蜂蜜，搅打均匀成果汁，即可倒入杯中饮用。

无花果蜜汁 25分钟

原料 无花果6个。

调料 矿泉水750克，冰糖25克，蜂蜜1大匙，糖桂花少许。

制作步骤 Method

1 将无花果放在容器内，加上适量的清水拌匀，浸泡几分钟，捞出。

2 净锅置火上，加入矿泉水烧煮至沸，先放入无花果，小火煮约10分钟。

3 再加上冰糖、蜂蜜、糖桂花稍煮几分钟，出锅，倒在容器内晾凉。

4 用纱布过滤后去掉杂质，倒入玻璃杯中，加上少许蜂蜜调匀，即可饮用。

无花果柠檬汁 _{15分钟}

原料 无花果5个，柠檬1个。

调料 冰块适量。

制作步骤 Method

1 将无花果放在容器内，加上适量的清水拌匀，浸泡几分钟，捞出，切成两半。

2 柠檬洗净，削去外皮，去掉柠檬子，用压汁器榨取柠檬汁。

3 将无花果放入果汁机中，加入矿泉水、柠檬汁搅打均匀成果汁。

4 取出搅匀的果汁，倒入玻璃杯中，再加上砸碎的冰块调匀即可。

奇异芒果汁 _{20分钟}

原料 芒果、猕猴桃各1个，柠檬1/2个。

调料 纯净水200毫升，冰糖15克，冰块适量。

制作步骤 Method

1 将芒果剥去外皮，去掉果核，切成小块；猕猴桃洗净，去皮，也切成小块。

2 将柠檬洗净，切成小瓣，再去掉外皮及子，取出柠檬的果肉；冰糖砸碎，放在容器内，加入纯净水调匀成冰糖水。

3 将芒果块、猕猴桃块、柠檬果肉放入果汁机中，加入冰糖水、冰块搅打均匀成果汁，即可倒入杯中饮用。

凤梨芒果汁 _{15分钟}

原料 芒果1个，菠萝100克，橙子1/2个。

调料 蜂蜜2小匙，矿泉水适量。

制作步骤 Method

1 将芒果剥去外皮，切开成两半，去掉芒果核，再切成小块。

2 将橙子洗净，切成小瓣，再去皮及核，取出果肉；菠萝削去外皮，挖去果眼，用淡盐水浸泡片刻，取出切成小片。

3 将芒果块、橙子块、菠萝片放入果汁机中，加入矿泉水、蜂蜜搅打均匀成果汁，倒入杯中即可。

芒果嫩肤汁 20分钟

原料 芒果150克，橙子100克，苹果75克，柠檬1个。

调料 蜂蜜2大匙，纯净水250克。

制作步骤 Method

1 将芒果剥去外皮，去掉果核，切成小块；苹果洗净，去皮，也切成小块。

2 将橙子、柠檬洗净，切成小瓣，再去皮及核，取出果肉。

3 将芒果块、苹果块、橙子果肉、柠檬果肉放入果汁机中。

4 倒入纯净水，再加入蜂蜜搅打均匀成果汁，即可倒入杯中。

芒果蜜饮 10分钟

原料 芒果（小）3个。

调料 蜂蜜1大匙，糖桂花1小匙，白糖少许，冰块、矿泉水各适量。

制作步骤 Method

1 将芒果剥去外皮，切开成两半，去掉芒果核，再切成小块。

2 将芒果块放入果汁机中，先加入蜂蜜、白糖和糖桂花调匀。

3 再倒入矿泉水，用中速搅打均匀成果汁，即可倒入杯中。

4 把冰块用利器砸成碎粒，放入盛有果汁的杯内，调匀后即可饮用。

芒果椰汁 15分钟

原料 芒果2个。

调料 椰子汁100毫升，蜂蜜2大匙，矿泉水200克，冰块适量。

制作步骤 Method

1 将芒果剥去外皮，切开成两半，去掉芒果核，再切成小块。

2 将芒果块、椰子汁、蜂蜜一同放入果汁机中搅打成汁。

3 再倒入矿泉水，加上砸碎的冰块，继续搅打片刻成果汁，取出，分别倒入玻璃杯中，即可饮用。

金橘美颜汁 〔15 分钟〕

原料 金橘8个，柠檬1个，话梅2粒。

调料 蜂蜜1大匙，矿泉水适量。

制作步骤 ♥Method

1 将金橘剥去外皮，取金橘的橘瓣，剥去外层的筋络。

2 把柠檬洗净，切成小瓣，再去掉外皮及果核，取出果肉。

3 将金橘瓣、柠檬果肉放入果汁机中搅打成果汁，取出。

4 把果汁倒入杯中，加入矿泉水、话梅、蜂蜜调匀，即可饮用。

金橘桂圆汁 〔20 分钟〕

原料 金橘饼75克，桂圆25克。

调料 冰糖1大匙，纯净水适量。

制作步骤 ♥Method

1 将金橘饼洗净，沥净水分，切成小丁；桂圆用温水浸泡片刻，取出沥水，去掉果核，留净桂圆的果肉。

2 净锅置火上，加入纯净水烧沸，先放入桂圆肉煮约8分钟。

3 再加入金橘饼丁、冰糖，续煮约5分钟，倒入杯中晾凉，即可饮用。

橘香红参饮 〔10 分钟〕

原料 橘子3个，胡萝卜1根。

调料 冰糖1大匙，纯净水适量。

制作步骤 ♥Method

1 将橘子剥去外皮，去掉果核，剥成小瓣，再除去白膜。

2 将胡萝卜洗净，去掉菜根，削去外皮，切成长条，再放入果汁机中，用中速搅打均匀成胡萝卜汁，取出。

3 将橘子瓣放入果汁机中，加入冰糖和纯净水调匀，搅打均匀成橘子果汁，再倒入杯中，加入胡萝卜汁调匀即可。

桃香果汁 15 分钟

原料 水蜜桃2个, 百香果3个。

调料 精盐少许, 白糖2大匙, 矿泉水适量。

制作步骤 ♥Method

1 将水蜜桃放在容器内, 加上精盐, 倒入适量的清水洗净, 取出。

2 把水蜜桃剥去外皮, 掰成两半, 去掉果核, 切成小块; 将百香果洗净, 对半剖开成两半, 去瓤及子。

3 将水蜜桃块、百香果放入果汁机中, 加入矿泉水、白糖搅打均匀成果汁, 取出, 即可倒入杯中饮用。

黄桃雪梨汁 10 分钟

原料 黄桃2个, 雪梨1个。

调料 草莓糖浆25毫升, 矿泉水适量。

制作步骤 ♥Method

1 将黄桃、雪梨分别洗净, 削去外皮, 切开成两半, 去掉果核, 再切成小块。

2 将黄桃块、雪梨块放入果汁机中搅打均匀成果汁, 再倒入玻璃杯中, 加入草莓糖浆、矿泉水调匀即可。

柠檬蜜桃果汁 〔10 分钟〕

原料 水蜜桃200克，苹果1/2个，柠檬汁15毫升。

调料 精盐少许，纯净水、冰块各适量。

（制作步骤）♪Method

1 将水蜜桃放入容器内，加入清水和精盐调匀，搓洗去表面绒毛。

2 取出水蜜桃，剥去外皮，掰开成两半，去掉果核，切成小块。

3 苹果洗净，削去外皮，去掉苹果的果核，再切成小块。

4 将水蜜桃块、苹果块放入果汁机中，加入柠檬汁、纯净水、冰块搅打均匀成果汁，即可倒入杯中。

健脑果汁 〔15 分钟〕

原料 桃(罐头)3大块，葡萄10粒，鸭梨1/2个，桃汁(罐头)30毫升。

调料 矿泉水适量。

（制作步骤）♪Method

1 将鸭梨洗净，削去外皮，去掉果核，切成小块；葡萄洗净，去皮和子。

2 将桃块、葡萄粒、鸭梨块放入果汁机中，加入矿泉水、桃汁搅打均匀成果汁，取出倒入杯中，即可饮用。

平衡血糖健康汁 ⑮分钟

原料 水蜜桃1个，葡萄10粒。

调料 精盐少许，白糖100克，矿泉水250克，冰块适量。

制作步骤 Method

1 将水蜜桃放容器内，加入清水和精盐洗净，捞出，沥净水分。

2 把水蜜桃剥去外皮，去掉果核，切成小块；将葡萄洗净，去皮及子。

3 将水蜜桃块、葡萄粒放入果汁机中，加入白糖、矿泉水搅打均匀成果汁，即可倒入杯中，加上冰块调匀，即可饮用。

鲜桃苹果饮 ⑳分钟

原料 水蜜桃1个，苹果1/2个（约150克），芦荟50克，薄荷叶少许。

调料 矿泉水适量。

制作步骤 Method

1 将水蜜桃、苹果分别洗净，去皮及核，切成小块。

2 将芦荟洗净，削去外皮，切成小丁，放入沸水锅内焯烫一下，捞出，用冷水过凉，沥水。

3 将水蜜桃块、苹果块、芦荟丁、矿泉水全部放入果汁机中。

4 用中速搅打均匀成果汁，再倒入玻璃杯中，撒入薄荷叶即可。

甜瓜蔬菜汁 ⑮分钟

原料 甜瓜1/3个，黄瓜1/2根，白菜叶75克。

调料 蜂蜜2大匙，矿泉水适量。

制作步骤 Method

1 将甜瓜洗净，削去外皮，切开后去掉瓜瓤，切成小块。

2 将黄瓜洗净，擦净水分，削去外皮，去掉黄瓜子，切成大小均匀的小块；白菜叶洗净，再撕成大块。

3 将甜瓜块、黄瓜块、白菜叶和矿泉水放入果汁机中调匀。

4 再加入蜂蜜搅打均匀成果汁，取出，倒入玻璃杯中，即可饮用。

甜瓜柠檬汁 【15分钟】

原料 甜瓜1/2个，猕猴桃1个。

调料 柠檬汁15毫升，果糖1大匙，冰块、矿泉水各适量。

制作步骤 ·Method

1 将甜瓜洗净，削去外皮，再挖出瓜瓤，放在案板上，切成小块。

2 猕猴桃洗净，擦净水分，剥去外皮，去掉果核，切成块。

3 将甜瓜块、猕猴桃块、矿泉水放入果汁机中搅打均匀成果汁。

4 再倒入玻璃杯中，加入柠檬汁、果糖、冰块调匀，即可饮用。

白菜甜瓜猕猴桃汁 【20分钟】

原料 甜瓜1/3个，猕猴桃1个，白菜叶50克，罐装樱桃1粒。

调料 蜂蜜2大匙，矿泉水适量。

制作步骤 ·Method

1 将甜瓜洗净，削去外皮，再挖出瓜瓤，切成小块；猕猴桃洗净，沥水，剥去外皮，去掉果核，也切成小块。

2 将白菜叶洗净，切成大块，放入果汁机内，再加入猕猴桃块、甜瓜块调匀。

3 再加入矿泉水、蜂蜜调匀，用中速搅打均匀成果汁，取出，倒入玻璃杯内，摆上罐装樱桃加以点缀即可。

西芹甜瓜葡萄汁 【10分钟】

原料 甜瓜1/3个，葡萄100克，西芹75克。

调料 冰块、矿泉水各适量。

制作步骤 ·Method

1 甜瓜用清水洗净，沥水，削去外皮，再挖出瓜瓤，切成小块；将葡萄粒洗净，剥去外皮，去掉葡萄子。

2 西芹去根和菜叶，用清水浸泡并洗净，取出，沥水，再去除老筋，切成小段。

3 把甜瓜块、西芹段、葡萄粒放入果汁机中，加入矿泉水搅匀成果汁，倒入玻璃杯中，加上砸碎的冰块调匀即可。

健胃甜瓜汁 15分钟

原料 甜瓜1/2个, 葡萄50克。

调料 柠檬汁50毫升, 白糖2大匙, 冰块、矿泉水各适量。

制作步骤 Method

1 甜瓜用清水洗净, 沥水, 削去外皮, 再挖出瓜瓤, 切成小块; 将葡萄粒洗净, 剥去外皮, 去掉葡萄子。

2 将甜瓜块、葡萄粒放入果汁机中, 加入矿泉水、白糖搅打均匀成果汁。

3 取出, 倒入玻璃杯中, 再加入柠檬汁、砸碎的冰块调匀, 即可饮用。

芦荟甜瓜梨汁 20分钟

原料 甜瓜1/3个, 鸭梨1/2个, 芦荟(罐头)50克, 芦荟汁(罐头)30毫升。

调料 矿泉水适量。

制作步骤 Method

1 甜瓜用清水洗净, 沥水, 削去外皮, 再挖出瓜瓤, 切成小块; 鸭梨洗净, 去皮及核, 切成小块; 芦荟洗净, 切成块。

2 将甜瓜块、鸭梨块、芦荟块放入果汁机中, 加入矿泉水、芦荟汁搅打均匀, 即可倒入杯中饮用。

萝檬杨桃汁 10分钟

原料 杨桃1个, 菠萝100克。

调料 柠檬汁15毫升, 白砂糖1大匙, 矿泉水250毫升。

制作步骤 *Method*

1 将杨桃洗净、菠萝去皮, 均切成小块, 全部放入果汁机中, 先加入白砂糖拌匀。

2 再加入柠檬汁、一半的矿泉水打细, 再放入剩下的矿泉水打匀, 即可倒入杯中。

杨桃青提汁 15分钟

原料 杨桃1个, 青提子50克。

调料 精盐少许, 蜂蜜2大匙, 矿泉水250毫升, 冰块适量。

制作步骤 *Method*

1 将杨桃放入淡盐水中浸泡并洗净, 取出, 沥水, 切成小块。

2 青提子洗净, 擦净水分, 剥去外皮, 再去掉青提子的子。

3 将加工好的杨桃块、青提子放入果汁机中搅打均匀成果汁。

4 把果汁用细滤网滤入杯中, 加入蜂蜜、矿泉水、冰块调匀即可。

杨桃草莓汁 `10 分钟`

原料 杨桃1个，草莓6个。

调料 精盐、冰块各适量。

制作步骤 Method

1 将杨桃用淡盐水浸泡并洗净，取出，沥净水分，切成小块；将草莓去掉蒂，洗净，对半切开成两半。

2 将杨桃块、草莓放入果汁机中，加入矿泉水、精盐搅拌均匀成果汁。

3 取出果汁，分别倒入玻璃杯中，再放入打碎的冰块调匀即可。

木瓜柳橙汁 `20 分钟`

原料 木瓜1/2个，菠萝1/3个，橙子（柳橙）2个，苹果1/2个。

调料 矿泉水适量。

制作步骤 Method

1 将菠萝削去外皮，挖去果眼，洗净，切成小块；苹果洗净，削去外皮，切开成两半，去掉果核，再切成小块。

2 将木瓜去皮及瓤，切成小块；橙子洗净，切成小瓣，再去皮及核，取出果肉。

3 将木瓜块、菠萝块、苹果块、橙子块放入果汁机中，加入矿泉水搅打成果汁，即可倒入杯中饮用。

木瓜柠檬汁 `15 分钟`

原料 木瓜1/3个，柠檬1个，冰淇淋60克。

调料 矿泉水适量。

制作步骤 Method

1 将木瓜洗净，削去外皮，去掉木瓜的瓜瓤，切成小块。

2 把柠檬洗净，削去外皮，去掉柠檬子，用压汁器榨取柠檬汁。

3 将木瓜块放入果汁机中，加入矿泉水、柠檬汁搅打均匀成果汁。

4 取出果汁，倒入玻璃杯中，再放上冰淇淋，即可饮用。

美白瓜橙汁 ⟨15 分钟⟩

原料 木瓜1/3个, 橙子1个, 柠檬1/2个。

调料 白糖2大匙, 冰块适量。

制作步骤 *Method*

1 将木瓜削去外皮, 去掉瓜瓤, 切成大块; 柠檬洗净, 削去外皮, 去掉柠檬子, 用压汁器榨取柠檬汁。

2 将橙子洗净, 先切成小瓣, 再去掉果皮及果核, 取出果肉。

3 将木瓜块、橙子果肉放入果汁机中, 加入柠檬汁、白糖搅打均匀, 再倒入杯中, 加入冰块调匀即可。

清凉木瓜汁 ⟨15 分钟⟩

原料 木瓜1/3个, 柠檬1个。

调料 蜂蜜2大匙, 矿泉水、冰块各适量。

制作步骤 *Method*

1 将木瓜洗净, 擦净水分, 削去外皮, 去掉瓜瓤, 切成小块。

2 柠檬洗净, 削去外皮, 去掉柠檬子, 用压汁器榨取柠檬汁。

3 将木瓜块放入果汁机中, 加入蜂蜜、柠檬汁、矿泉水搅打均匀成果汁。

4 把果汁取出, 倒入玻璃杯中, 放入砸碎的冰块调匀, 即可饮用。

杏干木瓜汁 ⟨15 分钟⟩

原料 木瓜1/2个, 杏干5粒。

调料 奶油30克, 白砂糖1大匙, 矿泉水适量。

制作步骤 *Method*

1 将木瓜洗净, 擦净水分, 削去外皮, 去掉瓜瓤, 切成小块。

2 把奶油放容器内, 用蛋抽子搅打均匀至涨发; 将杏干洗净, 切成两半。

3 将木瓜块、杏干放入果汁机中, 先加入打发的奶油拌匀。

4 再加入矿泉水、白砂糖, 用中速搅打均匀成果汁, 即可倒入杯中饮用。

苹果木瓜蜜汁 （15分钟）

原料 木瓜1/3个，苹果、橙子各1个。

调料 蜂蜜1大匙，矿泉水适量。

制作步骤 ♥Method

1 将苹果洗净，削去外皮，切开成两半，去掉果核，切成小块。

2 将木瓜去皮及瓤，切成大块；橙子洗净，切成小瓣，再去皮及核，取出果肉。

3 将苹果块、木瓜块、橙子果肉、蜂蜜全部放入果汁机中。

4 再加入矿泉水，用中速搅打均匀成果汁，即可倒入杯中饮用。

美肤果汁 （10分钟）

原料 木瓜1/3个，柠檬1/2个。

调料 矿泉水、冰块各适量。

制作步骤 ♥Method

1 将木瓜洗净，擦净表面水分，削去外皮，去掉瓜瓤，切成小块。

2 将柠檬洗净，切成小瓣，再去皮及核，取出柠檬的果肉。

3 将木瓜块、柠檬果肉放入果汁机中，加入矿泉水搅打均匀成果汁。

4 取出果汁，分别倒入玻璃杯中，再加入砸碎的冰块调匀，即可饮用。

柚子绿茶果汁 （15分钟）

原料 柚子1个，菠萝汁100毫升，绿茶粉1小匙。

调料 蜂蜜、矿泉水各适量。

制作步骤 ♥Method

1 将柚子剥去外皮，撕去白膜，去除果核，分成小瓣。

2 把柚子瓣放入果汁机，加上少许的矿泉水，搅打均匀成柚子汁，倒出。

3 将绿茶粉放入干净容器内，加入剩余的矿泉水调拌均匀。

4 再加入柚子汁、菠萝汁、蜂蜜调匀成果汁，倒入玻璃杯内，即可饮用。

养颜什锦果汁 15分钟

原料 柚子1/2个，橘子2个，橙子1个。

调料 蜂蜜1大匙，冰块适量。

制作步骤 Method

1 将橙子洗净，切成小瓣，剥去外皮，取出橙子的果肉，去掉果核。

2 将柚子、橘子分别洗净，剥去外皮，去掉果核，分成小瓣。

3 将橙子果肉、柚子瓣、橘子瓣和蜂蜜放入果汁机中。

4 用中速搅打成果汁，再倒入玻璃杯中，加上砸碎的冰块调匀即可。

苹果蜜柚汁 10分钟

原料 柚子、苹果各1个。

调料 蜂蜜1大匙，矿泉水、冰块各适量。

制作步骤 Method

1 将柚子剥去外皮，撕去白色的筋络，取下柚子瓣，再去掉果核。

2 苹果洗净，擦净水分，削去外皮，去掉果核，切成小块。

3 将柚子瓣、苹果块、蜂蜜全部放入果汁机中，再倒入矿泉水。

4 用中速搅打均匀成果汁，即可倒入杯中，加上打碎的冰块调匀即成。

山楂柚子汁 15分钟

原料 柚子1/2个，山楂250克，柠檬汁15毫升。

调料 蜂蜜1大匙，冰块适量。

制作步骤 Method

1 将柚子剥去外皮，撕去白色的筋络，取下柚子瓣，再去掉果核。

2 把山楂洗净，去除山楂的果核，放入果汁机中搅打成山楂汁，倒出。

3 将柚子瓣放入果汁机中，加入山楂汁、柠檬汁、蜂蜜搅打均匀成果汁。

4 取出果汁，分别倒入玻璃杯中，再加上打碎的冰块调匀，即可饮用。

草莓香瓜汁 15分钟

原料 草莓10个, 香瓜1/2个。

调料 精盐少许, 矿泉水、冰块各适量。

制作步骤 Method

1 将草莓去蒂, 放在容器内, 加上精盐和清水浸泡片刻并洗净, 取出草莓, 沥净水分, 对半切开。

2 香瓜洗净, 擦净水分, 削去外皮, 切开后去掉瓜瓤, 切成小块。

3 将草莓、香瓜块放入果汁机中, 加入矿泉水搅打均匀成果汁, 再倒入玻璃杯中, 放入冰块调匀即可。

鲜草莓汁 10分钟

原料 草莓15个。

调料 精盐少许, 白糖2大匙, 矿泉水250毫升, 冰块适量。

制作步骤 Method

1 将草莓去蒂, 放在容器内, 加上精盐和清水浸泡片刻, 取出草莓, 沥净水分, 对半切开。

2 将草莓放入果汁机中, 加入白糖、矿泉水搅打均匀, 倒入杯中, 放入冰块调匀即可。

火果草莓汁 15分钟

原料 草莓15个, 樱桃30粒。

调料 精盐少许, 白糖2大匙, 矿泉水250毫升, 冰块适量。

制作步骤 ♥Method

1 将草莓去蒂, 放在容器内, 加上精盐和清水浸泡片刻并洗净, 取出草莓, 沥净水分, 对半切开。

2 将樱桃洗净, 去蒂及子, 放入果汁机内, 再放入加工好的草莓调匀。

3 再加入白糖, 倒入矿泉水, 中速搅打均匀成果汁, 取出, 倒入玻璃杯中, 放入砸碎的冰块调匀, 即可饮用。

草莓冰淇淋汁 10分钟

原料 草莓10个, 无花果1个, 冰淇淋60克。

调料 精盐少许, 矿泉水适量。

制作步骤 ♥Method

1 将草莓去蒂, 放在容器内, 加上精盐和清水浸泡并洗净, 取出, 沥净水分, 对半切开。

2 将无花果剥去外皮, 切成小块, 放在果汁机内, 加入草莓、矿泉水、冰淇淋搅打均匀成果汁, 即可倒入杯中。

草莓番茄汁 15 分钟

原料 草莓10个, 西红柿1个。

调料 蜂蜜1小匙, 柠檬汁少许, 矿泉水250毫升, 冰块适量。

制作步骤 *Method*

1 将草莓去蒂, 用淡盐水浸泡并洗净, 取出, 沥净, 切成两半。

2 将西红柿去蒂, 洗净, 放入沸水锅中焯烫一下, 捞出冲凉, 再剥去外皮, 切成小块。

3 将草莓块、西红柿块放入果汁机中, 中速搅打均匀成果汁。

4 把果汁倒入杯中, 加入蜂蜜、柠檬汁、矿泉水调匀即可。

养颜椰汁 20 分钟

原料 椰子1个。

调料 白糖1大匙, 冰糖2大匙, 矿泉水500毫升, 冰块适量。

制作步骤 *Method*

1 用开椰器在椰子的表面打出一个小洞, 再倒出椰子原汁。

2 净锅置火上, 加入矿泉水烧沸, 再加入冰糖、白糖熬煮至溶化, 离火晾凉, 用细筛过滤去掉杂质, 取净冰糖水。

3 将椰汁分别倒入玻璃杯中, 先加晾凉的冰糖水调匀, 再加入砸碎的冰块拌匀成果汁, 即可饮用。

椰香芦荟汁 15 分钟

原料 椰子1个, 芦荟100克, 薄荷叶3片。

调料 白糖2大匙, 冰糖少许, 矿泉水适量。

制作步骤 *Method*

1 将椰子用开椰器打出一个小洞, 把椰汁倒入容器内。

2 将芦荟洗净, 削去外皮, 取芦荟果肉, 放入沸水锅内焯烫一下, 捞出。

3 把芦荟果肉放入冷水中过凉, 沥水, 切成小块, 放入果汁机, 加上白糖、冰糖、矿泉水搅打均匀成芦荟汁。

4 把芦荟汁、椰汁、薄荷叶放入玻璃杯中调拌均匀, 即可饮用。

芦荟甘蔗汁 (20分钟)

原料 甘蔗500克, 芦荟汁、椰汁各15毫升。

调料 冰块、矿泉水各适量。

制作步骤 Method

1 将甘蔗洗净, 削去外皮, 去掉甘蔗节, 再剁成大小均匀的块。

2 将甘蔗块放入果汁机中, 先倒入矿泉水, 用高速搅打成果汁, 取出果汁, 过滤去掉杂质, 取净甘蔗汁。

3 把甘蔗汁倒入杯中, 加入芦荟汁、椰汁调匀, 再加入砸碎的冰块拌匀, 即可饮用。

甘蔗荸荠汁 (75分钟)

原料 甘蔗300克, 荸荠250克。

调料 冰糖3大匙。

制作步骤 Method

1 将甘蔗洗净, 削去外皮, 去掉甘蔗节, 先剁成10厘米的长段, 再从中间劈成小条。

2 将荸荠用清水洗净, 沥净水分, 削去外皮, 再拍成碎粒。

3 净锅置火上, 加入适量清水烧沸, 放入甘蔗条、荸荠, 用小火煮约1小时。

4 再放入冰糖, 继续煮至冰糖溶化, 离火, 晾凉, 过滤去掉杂质, 取净果汁即成。

乌梅桂花汁 (20分钟)

原料 乌梅15粒。

调料 糖桂花10克, 冰糖2大匙, 纯净水500克, 冰块适量。

制作步骤 Method

1 将乌梅洗净, 去除果核, 切成小块; 把冰块用利器砸碎。

2 净锅置火上, 加入纯净水, 先放入乌梅、冰糖, 用旺火煮沸。

3 再转小火煮约10分钟, 然后关火晾凉, 加入糖桂花调匀, 倒入容器内, 加上碎冰块调匀, 即可饮用。

Part 2
清爽蔬菜汁

《健康果蔬汁365》

红参番茄汁 20分钟

原料 西红柿3个，胡萝卜1根。

调料 蜂蜜1大匙，冰块适量。

制作步骤 •Method

1 将西红柿去蒂，洗净，在表面剞上十字花刀，放在碗内，加上少许热水烫一下。

2 取出西红柿，剥去外皮，再切成小块；将胡萝卜洗净，去根，削去外皮，切成小块。

3 将西红柿块、胡萝卜块放入果汁机中，用中速搅打成果汁。

4 把果汁倒入玻璃杯中，加入蜂蜜、碎冰块调匀，即可饮用。

番茄橘汁 15分钟

原料 西红柿、橘子各1个，柠檬汁15毫升。

调料 蜂蜜2小匙，矿泉水适量。

制作步骤 •Method

1 将西红柿去蒂，洗净，放在碗内，加上少许热水烫一下，取出剥去外皮，切成小块，放入碗中备用。

2 橘子剥去外皮及核，切成小瓣，再除去白膜，放入果汁机中。

3 再加入西红柿，倒入矿泉水、柠檬汁、蜂蜜搅打均匀，即可倒入杯中。

洋葱番茄汁 15分钟

原料 西红柿1个，洋葱1/3个，油菜花50克。

调料 精盐少许，矿泉水适量。

制作步骤 •Method

1 将西红柿去蒂，用清水洗净，剥去外皮，再切成大块。

2 洋葱洗净，去皮，切成小块，再包上保鲜膜，放入微波炉中加热1分钟，取出。

3 将油菜花洗净，放入沸水锅中略煮，捞出，沥净水分，切成小段。

4 将西红柿块、洋葱块、油菜花段放入果汁机中，加入矿泉水、精盐搅打均匀成果汁，即可倒入杯中。

西芹番茄洋葱汁 [15分钟]

原料 西红柿3个（约300克），西芹100克，洋葱1/2个。

调料 纯净水适量。

制作步骤 Method

1 将西红柿去蒂，洗净，切成小块；洋葱剥去老皮，洗净，切成小块；西芹择洗干净，取嫩茎，切成小段。

2 将西红柿块放入果汁机中，再加入洋葱片、西芹段。

3 然后加入矿泉水搅打均匀成蔬菜汁，倒入玻璃杯中，即可饮用。

番茄西芹黄瓜汁 [10分钟]

原料 西红柿1个，西芹250克，黄瓜1根。

调料 矿泉水200毫升。

制作步骤 Method

1 将西红柿洗净，去蒂，切成小块，放入果汁机内打成蕃茄汁，取出；西芹择洗干净，切成小段；黄瓜洗净，切成段。

2 将西芹块、黄瓜段放入果汁机内，再加入蕃茄汁、矿泉水调匀，用中速搅打均匀成蔬菜汁，取出倒入杯中，即可饮用。

番茄香橙柠檬汁 ⑮分钟

原料 西红柿1个，橙子3个，柠檬汁20克。

调料 糖油50克，矿泉水200克。

制作步骤 Method

1 将西红柿去蒂，洗净，切成小块，放入榨汁机中榨取蕃茄汁，取出；橙子剥去外皮，去掉内膜，取净橙肉。

2 将橙肉、西红柿汁、糖油、矿泉水一同放入果汁机中，中速搅打均匀成蔬菜汁，取出蔬菜汁，倒入玻璃杯中拌匀，即可饮用。

番茄柳橙汁 ⑳分钟

原料 西红柿2个（约200克），胡萝卜1根，橙子1/2个，西芹1/3棵。

调料 柠檬汁30毫升，蜂蜜2大匙，碎冰块适量。

制作步骤 Method

1 将西红柿去蒂，洗净，放入沸水锅中略烫一下，捞出冲凉，去除外皮，切成小块。

2 将胡萝卜洗净，去皮，切成小块；橙子切成小瓣，去皮及核，取出果肉；西芹择洗干净，去除老筋，切成小段。

3 将西红柿块、胡萝卜块、橙子、西芹段放入果汁机中，加入柠檬汁、蜂蜜搅打均匀，再倒入杯中，放入碎冰块调匀即可。

番茄梨汁 20分钟

原料 西红柿1个, 白梨1/2个, 核桃仁25克。

调料 蜂蜜2大匙, 矿泉水适量。

制作步骤 ♥Method

1 将西红柿去蒂, 用清水洗净, 擦净水分, 剥去外皮, 再切成大块。

2 白梨洗净, 削去外皮, 切开成两半, 去掉果核, 切成小块; 核桃仁用温水浸泡片刻, 取出, 剥去皮, 压成碎粒。

3 将西红柿块、白梨块、核桃仁碎放入果汁机中, 加入矿泉水、蜂蜜搅打均匀成蔬菜汁, 即可倒入杯中。

豌豆包菜番茄汁 20分钟

原料 西红柿1个, 卷心菜100克, 青豌豆50克。

调料 精盐少许, 矿泉水适量。

制作步骤 ♥Method

1 将西红柿去蒂, 洗净, 表面剞上十字花刀, 用热水稍烫一下, 剥去外皮, 切成大块。

2 将卷心菜去根, 取嫩菜叶, 与洗净的青豌豆一起放入沸水锅中略煮, 捞出卷心菜叶、青豌豆, 沥净水分。

3 将西红柿、卷心菜叶、青豌豆放入果汁机中, 加入矿泉水、精盐搅打均匀成蔬菜汁, 倒入杯中, 即可饮用。

番茄蔬果汁 15分钟

原料 西红柿、苹果各1个, 青椒2个。

调料 白糖1大匙, 冰块适量。

制作步骤 ♥Method

1 青椒洗净, 去蒂, 去籽, 切成小片; 将苹果洗净, 去皮及核, 切成小块。

2 西红柿去蒂, 洗净, 表面剞上十字花刀, 用热水稍烫一下, 剥去外皮, 切成大块。

3 将西红柿块、苹果块、青椒片全部放入果汁机中搅打成汁。

4 再把果汁取出, 倒入玻璃杯中, 加入白糖、冰块调匀即可。

马铃薯蜜汁 15分钟

原料 土豆（马铃薯）500克。

调料 蜂蜜2大匙，糖桂花1小匙，矿泉水250毫升，冰块适量。

制作步骤 Method

1 将土豆洗净，削去外皮，切成小块，再放入果汁机中，搅打成土豆汁。

2 坐锅点火，放入矿泉水，倒入榨好的土豆汁，用小火煮至黏稠。

3 再加入糖桂花、蜂蜜搅拌均匀，离火晾凉，倒入容器内，加上砸碎的冰块调匀，再放入杯中，即可饮用。

蚕豆马铃薯汁 20分钟

原料 土豆150克，蚕豆10粒，黄麻叶少许。

调料 精盐少许，矿泉水适量。

制作步骤 Method

1 将土豆削去外皮，切成小块，再放入沸水锅中煮5分钟至软，捞出沥干。

2 蚕豆剥去外皮，用清水洗净，放入清水锅内，再加上洗净的黄麻叶煮几分钟，取出蚕豆、黄麻叶，用冷水过凉，沥水。

3 将土豆块、蚕豆、黄麻叶放入果汁机，加入矿泉水、精盐搅打均匀成蔬菜汁，取出，倒入玻璃杯中调匀即可。

马铃薯豆浆汁 15分钟

原料 土豆100克，青豌豆30克，熟豆浆250毫升。

调料 精盐少许。

制作步骤 Method

1 将土豆削去外皮，用清水浸泡并洗净，捞出，切成小块。

2 净锅置火上，放入清水烧沸，下入土豆块，用中小火煮软，捞出土豆沥干。

3 青豌豆洗净，放入清水锅内煮3分钟，捞出，用冷水过凉，沥水。

4 将土豆块、青豌豆放入果汁机中，加入熟豆浆、精盐搅打均匀，倒入杯中饮用即可。

菜根胡萝卜汁 10分钟

原料 胡萝卜250克，甜菜根1/2个。

调料 蜂蜜1大匙，白糖2大匙。

制作步骤 Method

1 将胡萝卜洗净，擦净水分，去掉菜根，削去外皮，再切成条状。

2 把甜菜根洗净，切成小块，放入清水锅内稍煮片刻，取出用冷水过凉，沥水。

3 将胡萝卜块、甜菜根、白糖放入果汁机中搅打均匀成蔬菜成汁。

4 取出后倒入玻璃杯中，加入蜂蜜调拌均匀，即可饮用。

胡萝卜苦瓜汁 10分钟

原料 胡萝卜1根，苦瓜1/2条。

调料 精盐少许，蜂蜜、矿泉水各适量。

制作步骤 Method

1 将胡萝卜洗净，擦净水分，去掉菜根，削去外皮，切成条状。

2 苦瓜洗净，顺长切成两半，去掉苦瓜瓤，去籽，加上精盐轻轻揉搓片刻，再换清水洗净，沥净水分，切成小块。

3 将胡萝卜块、苦瓜块放入果汁机中，加入矿泉水、蜂蜜搅匀成蔬菜汁，倒在玻璃杯内，即可饮用。

红参姜汁蜜饮 20分钟

原料 胡萝卜1/2根，姜块25克，汽水300毫升。

调料 蜂蜜1大匙。

制作步骤 Method

1 将胡萝卜洗净，擦净水分，去掉菜根，削去外皮，再切成条状。

2 姜块洗净，削去外皮，放容器内捣烂成姜汁，再加入汽水调匀成姜汁汽水。

3 将胡萝卜块放入果汁机中，先加入蜂蜜和100毫升姜汁汽水打细。

4 再放入剩下的姜汁汽水搅匀，即可取出，倒入杯中饮用。

胡萝卜苹果汁 ⌈15分钟⌉

原料 胡萝卜1根，苹果1/2个，苹果汁100毫升，柠檬汁20毫升。

调料 蜂蜜1大匙，冰块适量。

制作步骤 Method

1 将胡萝卜洗净，擦净水分，去掉菜根，削去外皮，切成小块。

2 苹果洗净，削去外皮，切成两半，去掉果核，再切成菱形块。

3 将胡萝卜块、苹果块放入果汁机中，加入苹果汁、柠檬汁、蜂蜜搅打均匀。

4 再用滤网把果汁滤入玻璃杯中，加入砸碎的冰块调匀，即可饮用。

洋葱胡萝卜汁 ⌈15分钟⌉

原料 胡萝卜100克，西芹50克，生菜叶30克，洋葱25克。

调料 精盐少许，矿泉水适量。

制作步骤 Method

1 将胡萝卜洗净，去皮，切成小块；西芹择洗干净，去除老筋，切成小段。

2 将洋葱剥去老皮，洗净，切成小块；生菜叶洗净，撕成大块。

3 将胡萝卜块、西芹段、生菜叶片和洋葱块全部放入果汁机中。

4 加入矿泉水搅打均匀，再倒入杯中，用少许精盐调匀即可。

胡萝卜橘子汁 ⌈10分钟⌉

原料 胡萝卜1根，橘子1个，葡萄柚1/2个。

调料 蜂蜜1大匙，碎冰块适量。

制作步骤 Method

1 将胡萝卜洗净，擦净水分，去掉菜根，削去外皮，切成小块。

2 橘子剥去外皮，去掉果核，剥成橘子小瓣，再除去白膜；将葡萄柚切成小瓣，去皮及核，取出果肉。

3 将胡萝卜块、橘子瓣、葡萄柚放入果汁机中，加入蜂蜜搅打均匀成汁，取出，倒入玻璃杯内，加上碎冰块调匀即成。

红参包菜蜜汁 15分钟

原料 胡萝卜1根, 卷心菜100克, 红椒50克。

调料 蜂蜜2大匙, 矿泉水适量。

制作步骤 Method

1 将胡萝卜洗净, 去根, 削去外皮, 切成小块, 放入沸水锅中煮2分钟, 捞出胡萝卜块, 放入冷水中过凉, 沥水。

2 卷心菜取嫩菜叶, 洗净, 撕成大块; 红椒洗净, 去蒂, 去籽, 切成块。

3 将胡萝卜块、卷心菜叶、红椒块放入果汁机中, 加入矿泉水、蜂蜜搅打均匀成蔬菜汁, 即可倒入杯中。

萝卜香橙红参汁 20分钟

原料 胡萝卜200克, 白萝卜150克, 柠檬1/2个, 橙子1个。

调料 矿泉水250克。

制作步骤 Method

1 胡萝卜、白萝卜分别洗净, 去掉菜根, 削去外皮, 切成大小均匀的块状; 柠檬、橙子分别洗净, 榨取柠檬汁、橙汁。

2 将胡萝卜块、白萝卜块放入果汁机内, 倒入橙汁、柠檬汁和矿泉水调匀。

3 用中速搅打均匀成果汁, 取出, 分别倒入玻璃杯中拌匀, 即可饮用。

胡萝卜蔬菜汁 15分钟

原料 胡萝卜200克，茼蒿100克，绿豆芽75克。

调料 蜂蜜、矿泉水各适量。

制作步骤 Method

1 将胡萝卜洗净，去掉菜根，削去外皮，切成块，放入沸水锅中煮软，捞出。

2 茼蒿去根和老叶，洗净，用沸水略焯一下，捞出过凉，切成小段；绿豆芽掐去两端，再用清水洗净。

3 将胡萝卜块、茼蒿段、绿豆芽放入果汁机中，加入矿泉水、蜂蜜搅打均匀，即可倒入杯中饮用。

红参橙子汁 15分钟

原料 胡萝卜3根，橙子2个。

调料 矿泉水适量。

制作步骤 Method

1 将胡萝卜洗净，去皮，切成小块；橙子洗净，切成小瓣，再去皮及核，取其果肉。

2 将胡萝卜、橙子、矿泉水放入果汁机中搅打成汁，倒入杯中即可。

胡萝卜葡萄柚汁 15分钟

原料 胡萝卜200克，葡萄柚、橙子各1个。

调料 蜂蜜2大匙，矿泉水适量。

制作步骤 Method

1 将胡萝卜洗净，去除菜根，削去外皮，切成小块，放入沸水锅内煮软，取出。

2 将葡萄柚、橙子分别洗净，切成小瓣，再去皮及果核，取出果肉。

3 将胡萝卜块、葡萄柚瓣、橙子瓣和蜂蜜放入果汁机中。

4 再加入矿泉水，用中速搅打均匀成果蔬汁，即可倒入杯中饮用。

胡萝卜红椒汁 15分钟

原料 胡萝卜1根，红椒1/2个，柠檬汁25毫升。

调料 蜂蜜1大匙，冰糖2大匙，矿泉水适量。

制作步骤 Method

1 将胡萝卜洗净，去皮，切成小块，再放入沸水锅中煮软，捞出沥干。

2 红椒洗净，去蒂，去籽，切成小块；冰糖砸碎成小粒。

3 将胡萝卜块、红椒块、碎冰糖、柠檬汁、蜂蜜放入果汁机中。

4 加入矿泉水调匀，用中速搅打均匀成果蔬汁，倒入杯中，即可饮用。

胡萝卜豌豆汁 20分钟

原料 胡萝卜1/2根，豌豆60克，竹笋50克，熟豆浆120毫升。

调料 精盐少许。

制作步骤 Method

1 将胡萝卜洗净，切块；豌豆洗净；竹笋去皮，洗净，切成大块。

2 锅中加入清水和少许精盐烧沸，倒入胡萝卜块、竹笋块和豌豆煮软，捞出沥水分。

3 将胡萝卜块、豌豆、竹笋块放入果汁机中，加入熟豆浆、精盐搅打均匀成蔬果汁，即可倒入杯中饮用。

青椒番茄汁 10分钟

原料 青椒2个，西红柿、苹果各1个。

调料 蜂蜜、矿泉水各适量。

制作步骤 Method

1 将青椒洗净，去蒂，去籽，切成大块；苹果洗净，去皮及果核，切成小块。

2 西红柿去蒂，洗净，表面剞上十字花刀，用热水稍烫一下，剥去外皮，切成块。

3 将青椒块、西红柿块、苹果块和蜂蜜全部放入果汁机中。

4 加入矿泉水，中速搅打均匀成果蔬汁，取出倒入杯中，即可饮用。

红椒蜜桃芦荟汁 15分钟

原料 红椒100克，水蜜桃(罐头)2块，芦荟(罐头)50克，桃汁(罐头)15毫升。

调料 纯净水、冰块各适量。

制作步骤 Method

1 将红椒洗净，去蒂，去籽，切成大小均匀的小块；取出水蜜桃，切成小块；再取出芦荟，也切成块。

2 将红椒块、水蜜桃块、芦荟块和桃汁全部放入果汁机中。

3 倒入纯净水，搅打均匀成果蔬汁，倒入杯中，加入砸碎的冰块调匀，即可饮用。

苹果芦荟黄椒汁 20分钟

原料 黄椒1个，苹果1/2个，芦荟50克。

调料 白砂糖1大匙，矿泉水适量。

制作步骤 Method

1 将黄椒洗净，去蒂，去籽，切成大块；苹果洗净，削去外皮，去掉果核，切成小块。

2 把芦荟去根，削去外皮，取芦荟果肉，放入沸水锅内煮分钟，捞出用冷水过凉，沥水，切成小块。

3 将黄椒块、苹果块、芦荟块放入果汁机中，加入矿泉水、白砂糖搅打均匀，即可倒入杯中饮用。

黄椒西芹青瓜汁 15 分钟

原料 黄椒1个, 黄瓜1/2根, 西芹1/3棵。

调料 精盐少许, 矿泉水适量。

制作步骤 *Method*

1 将黄椒洗净, 去蒂, 去籽, 切成大块; 黄瓜洗净, 削去外皮, 切成小块。

2 西芹去根, 去掉菜叶, 用清水浸泡并洗净, 沥水, 再去除老筋, 切成小段。

3 将黄椒块、西芹段、黄瓜块放入果汁机中, 加入矿泉水、精盐调匀。

4 再用中速搅打成果蔬汁, 倒入玻璃杯中搅匀, 即可饮用。

青椒黄瓜柚子汁 10 分钟

原料 青椒1个, 黄瓜1/2根, 柚子汁15毫升。

调料 白砂糖1大匙, 矿泉水适量。

制作步骤 *Method*

1 将青椒洗净, 去蒂, 去籽, 切成小块; 黄瓜洗净, 切成小块。

2 将青椒块、黄瓜块放入果汁机中, 加入矿泉水、柚子汁、白砂糖搅打均匀成果蔬汁, 即可倒入杯中饮用。

小白菜黄椒汁 ⓯ 分钟

（原料）黄椒1/2个，小白菜1棵，熟豆浆100毫升，白芝麻少许。

（调料）蜂蜜2大匙。

（制作步骤）Method

1 将黄椒洗净，去蒂，去籽，切成大块；将小白菜去根和老叶，洗净，切成小段。

2 将黄椒块、小白菜段放入果汁机中，加入熟豆浆、蜂蜜、白芝麻搅打均匀成汁，即可倒入杯中饮用。

西芹苹果黄椒汁 ⓴ 分钟

（原料）黄椒1个，苹果1/2个，西芹1/3棵。

（调料）蜂蜜2大匙，矿泉水适量。

（制作步骤）Method

1 将黄椒用清水洗净，沥净水分，去蒂，去籽，再切成大块。

2 苹果削去外皮，切开后去掉果核，再切成小块；西芹洗净，去根和老叶，再去除老筋，切成小段。

3 将黄椒块、苹果块、西芹段放入果汁机中，加入矿泉水、蜂蜜搅打均匀成果蔬汁，倒入玻璃杯中，即可饮用。

黄瓜青椒柠檬汁 15分钟

原料 青椒1个，黄瓜1/2根，柠檬1/3个。

调料 蜂蜜2大匙，矿泉水适量。

制作步骤 Method

1 将青椒洗净，沥净水分，去蒂，去籽，切成大块；黄瓜刷洗干净，沥水，切成小块。

2 把柠檬洗净，削去外皮，切成小块，用榨汁器榨取柠檬汁。

3 将青椒块、黄瓜块、柠檬汁、蜂蜜全部放入果汁机中。

4 再加入矿泉水，中速搅打均匀成果蔬汁，取出，倒入玻璃杯中，即可饮用。

香橙白萝卜汁 10分钟

原料 白萝卜300克，橙子2个。

调料 冰块适量。

制作步骤 Method

1 将白萝卜洗净，擦净水分，去掉萝卜根，削去外皮，切成长条。

2 将橙子洗净，切成小瓣，再去掉外皮及果核，取出橙子的果肉。

3 将白萝卜条、橙子果肉放入果汁机中搅打均匀成蔬果汁。

4 取出，倒入玻璃杯中，加入砸碎的冰块调匀，即可饮用。

白萝卜苹果汁 10分钟

原料 白萝卜1/2根（约200克），苹果1/2个，雪碧汽水150毫升。

调料 冰块适量。

制作步骤 Method

1 将白萝卜洗净，擦净水分，去掉萝卜根，削去外皮，切成长条。

2 苹果洗净，削去外皮，切开成两半，去掉果核，再切成小块。

3 将白萝卜块、苹果块放入果汁机中，加入雪碧汽水搅打均匀。

4 取出，倒入玻璃杯中，放入砸碎的冰块调匀，即可饮用。

白萝卜果蔬汁 [20 分钟]

原料 白萝卜1个(约200克),胡萝卜2根,芹菜2棵,柠檬1/2个。

调料 蜂蜜、矿泉水各适量。

制作步骤 Method

1 将白萝卜、胡萝卜分别洗净,去掉菜根,削去外皮,切成小块。

2 芹菜择洗干净,切成小段;柠檬去皮及果核,切成小片。

3 将白萝卜块、胡萝卜块、芹菜段、柠檬片放入果汁机中。

4 加入矿泉水搅打均匀成果蔬汁,倒入杯中,放入蜂蜜调匀即可。

白萝卜美白汁 [15 分钟]

原料 白萝卜100克,苹果1个,橙子1/2个,果味汽水150毫升。

调料 蜂蜜2大匙。

制作步骤 Method

1 将白萝卜洗净,去皮,切成小块;苹果洗净,去皮及核,切成小块。

2 将橙子洗净,切成小瓣,再剥去外皮,去掉果核,取出果肉。

3 将白萝卜块、苹果块、橙子瓣放入果汁机中,加入汽水搅打均匀成果汁。

4 取出果汁,倒入玻璃杯中,加入蜂蜜调拌均匀,即可饮用。

萝卜黄瓜包菜汁 [10 分钟]

原料 白萝卜200克,黄瓜1/2根(约125克),卷心菜100克。

调料 精盐少许,矿泉水适量。

制作步骤 Method

1 将白萝卜洗净,去皮,切成条状;黄瓜洗净,切成小块。

2 把卷心菜去根,去老叶,取嫩菜叶洗净,放入沸水锅中略煮,捞出用冷水过凉,沥净水分,撕成大块。

3 将白萝卜条、卷心菜叶、黄瓜块放入果汁机中,加入矿泉水、精盐搅匀成果蔬汁,即可倒入杯中。

白萝卜番茄汁 10分钟

原料 白萝卜150克,西红柿1个,黄瓜1/2根。

调料 精盐少许,矿泉水适量。

制作步骤 Method

1 将白萝卜用清水洗净,沥净水分,去根,去皮,切成条状。

2 黄瓜洗净,削去外皮,切成大块;西红柿去蒂,洗净,也切成块。

3 将白萝卜块、西红柿块、黄瓜块和精盐放入果汁机中。

4 再加入矿泉水,用中速搅打成果蔬汁,取出,倒在玻璃杯内即可。

油菜萝卜酸橘汁 10分钟

原料 白萝卜1/2个(约200克),油菜心100克,酸橘汁30毫升。

调料 蜂蜜3大匙,矿泉水适量。

制作步骤 Method

1 将白萝卜用清水洗净,沥净水分,去根,去皮,切成条状。

2 将油菜心洗净,放入沸水锅中焯烫一下,捞出,沥净水分,切成小段。

3 将白萝卜块、油菜心段放入果汁机中,加入矿泉水、酸橘汁、蜂蜜搅打均匀成果蔬汁,倒入杯中即可。

美肤芹菜汁 15分钟

原料 西芹3棵,甜菜根少许。

调料 蜂蜜1大匙,矿泉水适量。

制作步骤 Method

1 将西芹去掉菜根,用清水洗净(保留西芹叶子),再除去老筋,切成小段。

2 把甜菜根用淡盐水浸泡并洗净,取出,沥水,削去外皮,切成小块。

3 将西芹段、甜菜根块放入果汁机中,加入矿泉水搅打均匀成果蔬汁。

4 取出果蔬汁,倒入玻璃杯中,放入蜂蜜调匀,即可饮用。

西芹蜂蜜汁 ⟨10 分钟⟩

原料 西芹3棵。

调料 蜂蜜1大匙,冰块适量。

制作步骤 Method

1 将西芹去掉菜根,用清水洗净(保留西芹叶子),再除去老筋,切成小段。

2 净锅置火上,放入清水烧沸,下入西芹段焯烫一下,捞出用冷水过凉,沥水。

3 将西芹段放入果汁机中,加入蜂蜜搅打均匀成蔬菜汁。

4 取出蔬菜汁,倒入玻璃杯中,放入砸碎的冰块调匀,即可饮用。

芹笋柠檬汁 ⟨15 分钟⟩

原料 西芹3棵,芦笋5根,柠檬汁15毫升。

调料 白糖2大匙,矿泉水250毫升。

制作步骤 Method

1 将西芹去掉菜根,用清水洗净(保留西芹叶子),再除去老筋,切成小段。

2 芦笋洗净,切去根,削去老皮,切成5厘米长的小段,放入果汁机内。

3 再加上西芹段、白糖和矿泉水,用中速搅打均匀成果蔬汁。

4 取出果蔬汁,倒入玻璃杯中,加上柠檬汁调拌均匀,即可饮用。

西芹鲜桃汁 ⟨10 分钟⟩

原料 西芹2棵,水蜜桃(罐头)2块,桃汁(罐头)30毫升,牛奶100毫升。

调料 冰块适量。

制作步骤 Method

1 将西芹去根,去叶,用清水浸泡并洗净,取出,沥净水分,去除老筋,切成小段;取出水蜜桃,切成小块。

2 将西芹段、水蜜桃块放入果汁机中,加入牛奶、桃汁搅打均匀成果蔬汁。

3 取出果蔬汁,倒入玻璃杯内,再加上砸碎的冰块调匀,即可饮用。

养颜芹菜汁 15分钟

原料 芹菜2棵，红椒1/2个，菠萝1/5个（约100克），酸奶30毫升。

调料 精盐少许，矿泉水300毫升。

制作步骤 Method

1 将芹菜择洗干净，沥净水分，切成小段；红椒洗净，去蒂，去籽，切成小片。

2 菠萝削去外皮，去掉果眼，放入淡盐水中浸泡片刻，捞出，切成小块。

3 将芹菜段、菠萝块、红椒片放入果汁机中，先加入酸奶和200毫升矿泉水打细。

4 再倒入剩下的100毫升矿泉水搅匀，即可盛入杯中饮用。

减肥蔬菜汁 20分钟

原料 西红柿200克，西芹150克，胡萝卜1根，柠檬1/2个。

调料 白糖2大匙，冰块适量。

制作步骤 Method

1 将西红柿、柠檬分别洗净，分别榨取西红柿汁、柠檬汁；西芹择洗干净，切成小段；胡萝卜洗净，去皮，切成小块。

2 将西芹段、胡萝卜块放入果汁机内，先加上白糖搅打均匀。

3 再加入西红柿汁、柠檬汁搅打均匀成果蔬汁，倒入杯中，加入冰块拌匀即可。

品味生活
KIWI FRUIT

HOCREI

包菜西芹橘子汁

10分钟

原料 西芹1棵，橘子1个，卷心菜叶50克。

调料 蜂蜜2大匙，矿泉水适量。

制作步骤 ♥Method

1 将西芹去根和叶，用清水洗净，沥水，去除老筋，切成小段。

2 卷心菜取嫩菜叶，洗净，撕成大块；橘子去皮及果核，剥成小瓣。

3 将西芹段、卷心菜叶、橘子瓣和蜂蜜全部放入果汁机中。

4 再加入矿泉水，中速搅打均匀成果蔬汁，倒入玻璃杯中，即可饮用。

降压果蔬汁

15分钟

原料 西芹50克，猕猴桃2个，菠萝150克，雪梨1个，薄荷叶3片。

调料 纯净水250毫升。

制作步骤 ♥Method

1 西芹择洗干净，切成小段；猕猴桃去皮，取净果肉，切成小块；菠萝、雪梨分别去皮，洗净，也切成块。

2 将猕猴桃块、菠萝块、西芹段、雪梨块和薄荷叶放入果汁机中。

3 再加入纯净水，用中速搅打均匀成果蔬汁，倒入杯中拌匀，即可饮用。

西芹生菜苹果汁 15分钟

原料 西芹1棵，苹果1/2个，生菜75克。

调料 蜂蜜2大匙，矿泉水适量。

制作步骤 Method

1 将西芹去掉菜根和老叶，用清水洗净，沥水，去除老筋，切成小段。

2 生菜去掉根，取嫩生菜叶，洗净，撕成大块；苹果洗净，削去外皮，切成两半，去掉果核，再切成小块。

3 将西芹段、苹果块、生菜叶和蜂蜜全部放入果汁机中。

4 再加入矿泉水，搅打均匀成果蔬汁，倒入玻璃杯中，即可饮用。

西芹柠檬汁 10分钟

原料 西芹3棵，芦笋5根，柠檬1/2个。

调料 矿泉水200毫升。

制作步骤 Method

1 将柠檬洗净，削去外皮，去掉子，再放入果汁机中，榨取柠檬汁。

2 西芹去掉菜根，剥去西芹老叶，洗净，切成小段；芦笋去根，洗净，削去老皮，切成5厘米长的小段。

3 把西芹段、芦笋段放入果汁机中，加入矿泉水搅打成蔬菜汁。

4 取出蔬菜汁，倒入玻璃杯中，再加入柠檬汁，用搅拌棒调匀，即可饮用。

柠檬紫苏西芹汁 15分钟

原料 西芹3棵，紫苏叶5片，柠檬1/2个。

调料 精盐少许，冰块适量。

制作步骤 Method

1 将柠檬洗净，削去外皮，去子，再放入果汁机中，榨取柠檬汁。

2 西芹去掉菜根，剥去西芹老叶，洗净，切成小段；紫苏叶放容器内，加上精盐和清水洗净，沥水，切成碎粒。

3 将西芹段、紫苏碎粒放入果汁机中，加入柠檬汁搅打均匀成果蔬汁。

4 取出果蔬汁，倒入杯中，放入砸碎的冰块调匀，即可饮用。

小黄瓜汁 15分钟

原料 小黄瓜6根。

调料 精盐1小匙，蜂蜜1大匙，矿泉水150毫升，冰块适量。

制作步骤 Method

1 将小黄瓜切去两端，放在容器内，加上清水和精盐拌匀，浸泡5分钟。

2 捞出小黄瓜，换清水洗净，沥净水分，再切成小块。

3 将小黄瓜块和矿泉水放入果汁机中，中速搅打成蔬菜汁。

4 取出蔬菜汁，倒入杯中，加入蜂蜜、冰块调匀，即可饮用。

黄瓜冰糖汁 15分钟

原料 黄瓜400克。

调料 精盐少许，冰糖适量。

制作步骤 Method

1 将黄瓜切去两端，放在容器内，加上清水和精盐拌匀，浸泡5分钟。

2 捞出黄瓜，换清水洗净，沥净水分，再切成小块；把冰糖砸碎。

3 将黄瓜块和砸碎的冰糖放入果汁机中，用中速搅打成蔬菜汁。

4 取出蔬菜汁，滤去杂质，倒入玻璃杯中，加入冰糖调匀即可。

黄瓜蜜汁 10分钟

原料 大黄瓜400克。

调料 精盐少许，蜂蜜2小匙，糖桂花1小匙。

制作步骤 Method

1 将大黄瓜切去两端，放在容器内，加上清水和精盐拌匀，浸泡5分钟。

2 捞出大黄瓜，沥净水分，削去外皮，去掉子，再切成小块。

3 将大黄瓜块放入果汁机中，加入蜂蜜，中速搅打成蔬菜汁。

4 取出蔬菜汁，倒入玻璃杯中，加入糖桂花、蜂蜜调匀，即可饮用。

香橙青瓜汁 [10 分钟]

原料 小黄瓜（青瓜）400克，橙子2个。

调料 矿泉水、冰块各适量。

制作步骤 Method

1 将小黄瓜切去两端，用清水洗净，擦净水分，切成小块。

2 将橙子洗净，切成小瓣，再剥去外皮，去掉果核，取出果肉。

3 将小黄瓜块、橙子瓣和矿泉水放入果汁机中搅打均匀成果蔬汁。

4 取出果蔬汁，倒入玻璃杯中，加入砸碎的冰块调匀，即可饮用。

柠檬青瓜汁 [15 分钟]

原料 黄瓜（青瓜）250克，柠檬1个。

调料 矿泉水150克，冰块适量。

制作步骤 Method

1 将柠檬洗净，切开成两半，去掉柠檬子，放入榨汁机内榨取柠檬汁；将黄瓜洗净，去皮及子，切成小块。

2 把黄瓜块、柠檬汁、矿泉水一同放入果汁机中，中速搅打成果蔬汁，倒入杯中，再加入冰块拌匀，即可饮用。

双瓜汁 ⟨15 分钟⟩

原料 木瓜1/2个, 黄瓜1根。

调料 糖油30克, 矿泉水150克, 冰块适量。

制作步骤 *Method*

1 将木瓜洗净, 削去外皮, 去掉木瓜的果核, 切成小块; 黄瓜洗净, 削去外皮, 去掉黄瓜子, 也切成小块。

2 将木瓜块、黄瓜块、糖油、矿泉水一同放入果汁机中搅打成果蔬汁, 倒入玻璃杯中, 再加入冰块拌匀即可。

紫苏黄瓜生菜汁 ⟨20 分钟⟩

原料 黄瓜1根, 生菜100克, 紫苏叶5片。

调料 精盐少许, 矿泉水适量。

制作步骤 *Method*

1 将黄瓜放容器内, 加上少许精盐和清水拌匀, 浸泡5分钟, 捞出沥净水分, 削去外皮, 切成小块。

2 将生菜去根, 取生菜嫩菜叶洗净, 撕成大块; 紫苏叶洗净, 切成碎粒。

3 将黄瓜块、生菜叶、紫苏叶碎粒放入果汁机中, 加入矿泉水、精盐, 中速搅打均匀成蔬菜汁, 倒入杯中, 即可饮用。

冬瓜茯苓汁 〔75分钟〕

原料 冬瓜皮150克，红豆50克，茯苓15克，鲜荷叶10克。

调料 冰糖适量。

制作步骤 ♥Method

1 将冬瓜皮用温水浸泡并洗净，沥水，切成大块；鲜荷叶、茯苓分别洗净。

2 红豆洗净，再放入清水盆中浸泡20分钟，捞出红豆，沥净水分。

3 净锅置火上，放入清水烧沸，倒入冬瓜皮块、荷叶、茯苓、红豆调匀。

4 再沸后用小火煮约20分钟，过滤去掉杂质，加入冰糖煮溶化，倒入杯中即可。

红豆冬瓜汁 〔2小时〕

原料 冬瓜250克，红豆150克。

调料 白糖适量。

制作步骤 ♥Method

1 将冬瓜洗净，擦净水分，切开后去掉冬瓜的瓜瓤，带皮切成块状。

2 红豆择洗干净，放入清水盆中，浸泡1小时，捞出沥水。

3 将冬瓜块、红豆放入清水锅中煮沸，再转小火熬煮1小时。

4 然后加入白糖，继续用小火煮5分钟，滤入杯中，晾凉后饮用即可。

南瓜生菜汁 〔20分钟〕

原料 南瓜150克，生菜叶2片，胡萝卜30克。

调料 蜂蜜、矿泉水各适量。

制作步骤 ♥Method

1 将南瓜去皮，去瓤，切成小块，放入微波炉中加热3分钟，取出。

2 将生菜叶洗净，撕成大块；胡萝卜洗净，削去外皮，切成小块。

3 净锅置火上，放入清水烧沸，下入胡萝卜块焯烫至软，捞出沥水。

4 将南瓜块、生菜、胡萝卜块放入果汁机，加入矿泉水、蜂蜜搅匀成蔬菜汁即可。

黑芝麻南瓜汁 `20分钟`

原料 南瓜1/4个（约250克），黑芝麻50克，熟豆浆150毫升。

调料 蜂蜜1大匙。

制作步骤 *Method*

1 将南瓜洗净，擦净水分，削去外皮，去掉南瓜瓤，切成小块。

2 把南瓜块放在盘内，包上保鲜膜，放入微波炉中加热3分钟，取出。

3 将南瓜块放入果汁机中，加入熟豆浆、黑芝麻、蜂蜜搅打均匀成蔬菜汁。

4 取出蔬菜汁，倒入玻璃杯中，加上少许黑芝麻拌匀，即可饮用。

南瓜豆浆汁 `15分钟`

原料 南瓜150克，水发黄豆100克，玉米片50克，熟豆浆150毫升。

调料 蜂蜜2大匙。

制作步骤 *Method*

1 将南瓜洗净，擦净水分，削去外皮，去掉南瓜瓤，切成小块。

2 把南瓜块放在盘内，包上保鲜膜，放入微波炉中加热3分钟，取出。

3 将水发黄豆剥去外膜，放在果汁机内，再加上南瓜块、玉米片调匀。

4 放入熟豆浆、蜂蜜搅打均匀成果蔬汁，倒入杯中即可。

苦瓜豆浆汁 `25分钟`

原料 苦瓜250克，水发黄豆100克。

调料 纯净水400克，蜂蜜1大匙。

制作步骤 *Method*

1 将苦瓜洗净，剖成两半，再去苦瓜瓤、苦瓜子，切成小块。

2 水发黄豆剥去外膜，放入榨汁机内，倒入纯净水，用中速搅打成黄豆浆。

3 把黄豆浆放入烧热的净锅内煮10分钟，离火晾凉，过滤去掉杂质成熟豆浆。

4 将苦瓜放入果汁机中，加入熟豆浆搅打均匀，再倒入杯中，放入蜂蜜调匀即可。

苦瓜芦荟饮 ⬡20分钟

原料 苦瓜250克，芦荟100克。

调料 矿泉水、蜂蜜各适量。

制作步骤 Method

1 将苦瓜用清水浸泡并洗净，取出，擦净水分，去掉瓜瓤，切成小片。

2 把芦荟去根，削去外皮，放入沸水锅内焯烫一下，捞出用冷水过凉，沥净水分，放在案板上，再切成小块。

3 将苦瓜片、芦荟块放入果汁机中，加入矿泉水搅拌成果蔬汁。

4 取出果蔬汁，倒入玻璃杯内，加入蜂蜜调拌均匀，即可饮用。

苦瓜水果汁 ⬡15分钟

原料 苦瓜2条，苹果1个，柠檬汁15毫升。

调料 蜂蜜1大匙，矿泉水300毫升。

制作步骤 Method

1 将苦瓜用清水洗净，对半切开，再去除瓜瓤，切成小片。

2 净锅置火上，加入清水烧沸，然后放入沸水锅中略焯，再捞出冲凉；苹果洗净，去皮及果核，切成小块。

3 将苦瓜、苹果放入果汁机中，先加入蜂蜜、柠檬汁和200毫升矿泉水打细，再倒入剩下的矿泉水打匀，即可倒入杯中饮用。

苦瓜蜂蜜汁 ⬡10分钟

原料 苦瓜250克。

调料 蜂蜜3大匙，矿泉水适量。

制作步骤 Method

1 苦瓜用清水洗净，对半切开，去掉苦瓜瓤，切成小片。

2 净锅置火上，加入清水烧沸，放入苦瓜片略焯，捞出用冷水过凉，沥净水分。

3 将苦瓜片放入果汁机中，加入矿泉水，用中速搅打均匀成苦瓜汁。

4 取出苦瓜汁，倒入玻璃杯中，放入蜂蜜调匀，即可饮用。

祛暑生津汤 [3 小时]

原料 苦瓜1条, 绿豆50克。

调料 白糖适量。

制作步骤 Method

1 将苦瓜洗净, 剖成两半, 再去除苦瓜瓤、苦瓜子, 切成大片。

2 绿豆淘洗干净, 放入小盆内, 加入适量的热水拌匀, 浸泡1小时, 取出。

3 净锅置火上, 加入适量清水, 先放入绿豆煮沸, 转中火熬煮90分钟。

4 加入苦瓜片, 继续煮20分钟, 然后加入白糖续煮5分钟, 即可滤入杯中饮用。

红薯肉桂豆浆汁 [20 分钟]

原料 地瓜200克, 豆浆150毫升, 肉桂粉少许。

调料 白砂糖1大匙,

制作步骤 Method

1 将地瓜用清水洗净, 擦净水分, 削去外皮, 切成小块。

2 再用保鲜膜包上地瓜块, 放入微波炉中加热3分钟, 取出。

3 把豆浆放入锅内, 加热至沸腾, 撇去浮沫, 取出晾凉, 倒入果汁机内。

4 再将地瓜、肉桂粉、白砂糖搅打均匀成蔬果汁, 倒入杯中, 即可饮用。

包菜红薯汁 [15 分钟]

原料 地瓜150克, 卷心菜100克。

调料 蜂蜜2大匙, 矿泉水适量。

制作步骤 Method

1 将卷心菜去掉菜根, 剥去外层老叶, 取嫩卷心菜叶, 洗净, 撕成大块。

2 地瓜用清水洗净, 擦净水分, 先削去外皮, 切成小块。

3 再保鲜膜包上地瓜块, 放入微波炉中加热3分钟, 取出。

4 将地瓜块、卷心菜叶放入果汁机中, 加入矿泉水、蜂蜜搅打均匀, 倒入杯中即可。

洋葱红薯汁 20分钟

原料 地瓜150克，菜花50克，洋葱25克，熟豆浆150毫升。

调料 豆蔻粉、精盐各少许。

制作步骤 Method

1 地瓜洗净，去皮，切成小块，包上保鲜膜，放入微波炉中加热3分钟，取出；菜花洗净，掰成小朵，放入沸水锅中略煮，捞出沥干。

2 将洋葱去皮，洗净，切成小粒，再包上保鲜膜，用微波炉加热1分钟，取出。

3 将地瓜块、洋葱粒、菜花放入果汁机中，加入熟豆浆、豆蔻粉、精盐搅打均匀成蔬菜汁，倒入杯中，即可饮用。

红薯豆浆汁 25分钟

原料 红薯250克，豆浆200克。

调料 糖油50克，冰块适量。

制作步骤 Method

1 将红薯洗净，擦净水分，削去外皮，切成大块，放入蒸锅内蒸熟，取出晾凉；豆浆放入微波炉中加热至熟，取出。

2 将红薯块、熟豆浆、糖油一同放入果汁机中，中速搅打均匀成蔬果汁，倒入玻璃杯内，再加入砸碎的冰块拌匀即可。

香芋柳橙汁 15分钟

原料 小芋头150克,橙子1个,柠檬汁15毫升。

调料 蜂蜜2大匙,矿泉水适量。

制作步骤 Method

1 将小芋头洗净,削去外皮,再切成大小均匀的小块。

2 橙子洗净,切成小瓣,再去掉果皮及果核,取出橙子的果肉。

3 将芋头块、橙子果肉、柠檬汁、蜂蜜放入果汁机中。

4 再加入矿泉水,匀速搅打均匀成蔬果汁,取出倒入杯中,即可饮用。

红薯玉米汁 25分钟

原料 红薯200克,罐装玉米粒100克。

调料 鲜奶100克,糖油50克,冰块适量。

制作步骤 Method

1 将红薯洗净,削去外皮,切成大块,放入锅中蒸熟,取出晾凉;取出罐装玉米粒,用清水洗净,沥净水分。

2 将熟红薯块、鲜奶、玉米粒、糖油一同放入果汁机中搅打成果蔬汁,取出倒入杯中,再加入冰块拌匀,即可饮用。

芋头生菜芝麻汁 20分钟

原料 芋头200克，生菜100克，白芝麻30克。

调料 精盐少许。

制作步骤 Method

1 将芋头削去外皮，用淡盐水浸泡并洗净，捞出切成小块；白芝麻放入净锅内煸炒出香味，出锅晾凉。

2 将生菜去根，取嫩生菜叶洗净，放入沸水锅内略焯，捞出沥干，撕成大块。

3 将芋头块、生菜叶放入果汁机中，加入白芝麻、精盐搅打均匀成蔬菜汁，倒入杯中，即可饮用。

香芋豆奶 15分钟

原料 芋头200克，大豆粉50克，牛奶150毫升。

调料 白糖1大匙。

制作步骤 Method

1 将芋头用清水洗净，擦净水分，削去外皮，再切成小块。

2 把大豆粉放在小碗内，上屉蒸5分钟，取出晾凉。

3 将芋头块放入果汁机中，加入大豆粉，再倒入牛奶拌匀。

4 用中速搅打均匀成蔬菜汁，倒入玻璃杯中，加上白糖拌匀，即可饮用。

排毒牛蒡汁 20分钟

原料 牛蒡500克。

调料 蜂蜜1大匙，矿泉水适量。

制作步骤 Method

1 将牛蒡切去两端，再用清水浸泡并且洗净，取出，擦净水分，削去外皮，切成大小均匀的小块。

2 把牛蒡块放在大碗内，上屉用旺火蒸10分钟，取出牛蒡块，晾凉。

3 将牛蒡块放入果汁机中，加入矿泉水搅打均匀成蔬菜汁。

4 取出蔬菜汁，倒入玻璃杯中，再加入蜂蜜拌匀，即可饮用。

芦荟红酒汁 ⟨20分钟⟩

原料 芦荟100克。

调料 红酒2大匙，蜂蜜1大匙，矿泉水250毫升，冰块适量。

制作步骤 ♥Method

1 将芦荟洗净，去掉根，削去外皮，取出芦荟内部的白肉，切成大片。

2 净锅置火上，放入清水烧沸，倒入芦荟片焯烫一下，捞出用冷水过凉，沥净。

3 将芦荟片放入果汁机内，放入蜂蜜和矿泉水，用中速搅打均匀成果蔬汁，倒入杯中，加上红酒调匀，即可饮用。

美容芦荟汁 ⟨90分钟⟩

原料 芦荟150克。

调料 冰糖适量。

制作步骤 ♥Method

1 将芦荟取叶，用清水洗净，取出削去外皮，取芦荟果肉，切成小条。

2 把芦荟条放容器内，加入适量的清水拌匀，浸泡1小时，捞出沥净水分。

3 净锅置火上，加入适量清水烧沸，先放入冰糖煮至溶化。

4 再下入芦荟条，用小火煮约5分钟，然后滤入杯中，晾凉即可饮用。

包菜排毒汁 ⟨20分钟⟩

原料 卷心菜150克，芦荟叶100克，苹果1个，菠萝1/6个（约200克）。

调料 蜂蜜1大匙，矿泉水适量。

制作步骤 ♥Method

1 将卷心菜去掉菜根，剥去外层老叶，取嫩卷心菜叶，用清水洗净，撕成大片。

2 苹果洗净，削去外皮，去掉果核，切成小块。菠萝洗净，切成小块；芦荟叶洗净，取芦荟果肉，切成片。

3 将卷心菜叶、苹果块、菠萝块、芦荟片放入果汁机中，加入矿泉水、蜂蜜搅打均匀成果蔬汁即可。

包菜菠萝汁 20分钟

原料 卷心菜250克，菠萝1/10个（约100克），苹果1个，芦荟叶10克。

调料 矿泉水适量。

制作步骤 Method

1 将芦荟洗净，去掉根，削去外皮，取出芦荟内部的白肉，切成大片。

2 将卷心菜取嫩菜叶，洗净，撕成小块；菠萝削去外皮，切成小块；苹果洗净，去掉皮及果核，也切成块。

3 将卷心菜叶、菠萝块、苹果块、芦荟片放入果汁机中搅打成果蔬汁，倒入杯中，加入矿泉水调匀，即可饮用。

包菜红糖汁 10分钟

原料 卷心菜500克。

调料 红糖、矿泉水各适量。

制作步骤 Method

1 将卷心菜去掉菜根，剥去外层老叶，取嫩卷心菜叶，用清水洗净，撕成大片。

2 将卷心菜放入果汁机中，加入矿泉水搅打均匀，倒入杯中，放入红糖调匀即可。

卷心菜木瓜汁 15分钟

原料 卷心菜150克，木瓜1/4个，红葡萄10粒，金橘1个。

调料 矿泉水适量。

制作步骤 Method

1 卷心菜叶洗净、切块；木瓜去皮，去籽，切成小块；金橘去皮，去籽；葡萄洗净，去籽。

2 将卷心菜、木瓜、金橘、葡萄粒放入果汁机，加入矿泉水搅匀成果蔬汁即可。

红酒洋葱包菜汁 15分钟

原料 卷心菜250克，洋葱100克。

调料 红酒1大匙，矿泉水适量。

制作步骤 Method

1 将卷心菜去掉菜根，剥去外层老叶，取嫩卷心菜叶，用清水洗净，撕成大片。

2 洋葱去根，剥去外层老皮，用清水洗净，沥水，切成小块。

3 将卷心菜叶、洋葱块放入果汁机中，加入矿泉水搅打均匀成果蔬汁。

4 取出果蔬汁，倒入玻璃杯中，加入红酒调拌均匀，即可饮用。

蔬菜豆浆汁 20分钟

原料 卷心菜200克，豌豆粒100克，煮熟的豆浆150毫升。

调料 精盐少许。

制作步骤 Method

1 将卷心菜去根，剥去外层老皮，取嫩卷心菜叶，洗净，放入沸水锅中略焯一下，捞出沥干，撕成大块。

2 豌豆粒用清水浸泡并洗净，剥去外膜，放入沸水锅内焯烫一下，捞出用冷水过凉。

3 将卷心菜块、豌豆粒放入果汁机中，加入煮熟的豆浆、精盐搅打均匀成果蔬汁，即可倒入杯中饮用。

包菜核桃豆浆汁 25分钟

原料 卷心菜叶150克，核桃10个，黑蜜2大匙，熟豆浆150毫升。

调料 白糖2大匙。

制作步骤 Method

1 将卷心菜叶洗净，放入沸水锅中焯烫一下，捞出沥干，切成大块。

2 将核桃放入蒸锅内，旺火蒸5分钟，取出砸开外壳，取出核桃仁，用温水浸泡片刻，剥去内膜，压成碎粒。

3 将卷心菜叶、核桃碎粒放入果汁机中，加入熟豆浆、黑蜜、白糖搅打均匀成果蔬汁，倒入杯中即可。

包菜豌豆洋葱汁 20分钟

原料 卷心菜200克，豌豆仁50克，洋葱1/3个。

调料 精盐少许，矿泉水适量。

制作步骤 Method

1 卷心菜取嫩菜叶，洗净，放入沸水锅中焯烫一下，捞出沥干，切成大块。

2 将豌豆仁洗净，放入沸水锅中略煮一下，捞出豌豆仁，沥净水分。

3 洋葱去皮，切成小丁，包上保鲜膜，放入微波炉中加热2分钟，取出。

4 将卷心菜叶、豌豆仁、洋葱丁放入果汁机中，加入矿泉水、精盐搅打均匀成汁，即可倒入杯中饮用。

香葱菠菜汁 15分钟

原料 大葱150克，菠菜125克，草莓75克。

调料 白砂糖1大匙，矿泉水适量。

制作步骤 Method

1 将大葱去根和老叶，洗净，切成碎粒，包上保鲜膜，用微波炉加热30秒。

2 菠菜去根和老叶，洗净，放入沸水锅内焯烫一下，捞出过凉，切成小段。

3 草莓去蒂，洗净，切成两半，放入果汁机内，先加入大葱粒和菠菜段。

4 再加入矿泉水、白砂糖，中速搅打均匀成果蔬汁，倒入杯中，即可饮用。

香葱苹果醋 15分钟

原料 大葱150克，苹果1个，苹果醋15毫升。

调料 蜂蜜2小匙，纯净水适量。

制作步骤 Method

1 将大葱择洗干净，切成碎粒，再包上保鲜膜，放入微波炉中加热30秒，取出。

2 苹果去蒂，洗净，削去外皮，切成两半，去掉果核，再切成小块，放入榨汁机内，用中速榨取苹果汁。

3 将大葱粒放入果汁机中，加入苹果汁、苹果醋、蜂蜜、纯净水搅打均匀成果蔬汁，取出倒入杯中，即可饮用。

健胃葱姜汁 20分钟

原料 大葱150克。

调料 姜块25克，红糖2大匙，蜂蜜1大匙，矿泉水250毫升。

制作步骤 Method

1 将大葱去根，去叶，取大葱的葱白，洗净，切成小段；姜块去皮，洗净，切成大片。

2 净锅置火上，加入矿泉水烧沸，下入葱白段、姜片，再沸后转小火熬煮5分钟，关火，加上红糖、蜂蜜调匀。

3 将煮好的葱姜汁过滤去掉葱姜等杂质，倒入玻璃杯中，即可饮用。

金针菇菠菜汁 ⑮分钟

原料 菠菜200克, 金针菇100克。

调料 大葱50克, 蜂蜜2大匙, 矿泉水适量。

制作步骤 Method

1 将菠菜去掉根, 择去老叶, 用清水洗净, 沥净水分, 切成小段。

2 金针菇去根, 洗净, 放入沸水锅内焯煮一下, 捞出, 用冷水过凉, 沥水。

3 大葱去根和叶, 取大葱的葱白, 洗净, 切成小段, 放在果汁机中。

4 再加入菠菜段、金针菇、矿泉水搅打均匀成汁, 取出倒入玻璃杯中, 放入蜂蜜调匀, 即可饮用。

安神豆浆汁 ⑮分钟

原料 菠菜150克, 熟豆浆150毫升, 黄麻叶10克。

调料 精盐少许, 冰块适量。

制作步骤 Method

1 将菠菜去根和老叶, 洗净, 放入沸水锅中略煮, 捞出沥干, 切成长段。

2 黄麻叶用淡盐水浸泡并洗净, 捞出, 放入沸水锅内焯烫一下, 捞出过凉, 切碎。

3 将菠菜段、黄麻叶碎放入果汁机中, 加入熟豆浆、精盐搅打均匀成果蔬汁。

4 取出果蔬汁, 倒入玻璃杯中, 加上砸碎的冰块调匀, 即可饮用。

菠菜黄麻生菜汁 ⑳分钟

原料 菠菜150克, 生菜100克, 黄麻叶1/2束。

调料 精盐少许, 矿泉水适量。

制作步骤 Method

1 黄麻叶用淡盐水浸泡并洗净, 捞出, 放入沸水锅内焯烫一下, 捞出过凉, 切碎。

2 将菠菜去根和老叶, 洗净, 放入沸水锅中略煮, 捞出沥干, 切成长段。

3 生菜去根, 取嫩生菜叶, 洗净, 撕成大块, 放在果汁机内。

4 再放入菠菜段、黄麻叶、矿泉水、精盐搅打均匀成汁, 即可倒入杯中饮用。

菠菜苹果胡萝卜汁 15分钟

原料 菠菜150克, 苹果1/2个, 胡萝卜1/3根。

调料 白砂糖1大匙, 矿泉水适量。

制作步骤 *Method*

1 将菠菜择洗干净, 放入沸水锅中略煮, 捞出, 用冷水过凉, 攥干水分, 切成大段。

2 将苹果洗净, 削去外皮, 切开成两半, 去掉果核, 切成大块; 胡萝卜洗净, 去根, 削去外皮, 擦成粗丝。

3 将菠菜段、苹果块、胡萝卜丝放入果汁机中, 加入矿泉水、白砂糖搅打均匀成汁, 即可倒入杯中。

菠菜竹笋汁 25分钟

原料 菠菜150克, 竹笋50克, 柠檬汁50毫升。

调料 蜂蜜2大匙, 矿泉水适量。

制作步骤 *Method*

1 将菠菜去根, 择去老叶, 用清水洗净, 捞出, 放入沸水锅内焯烫一下, 捞出, 用冷水过凉, 沥水, 切成小段。

2 将竹笋去根, 削去外皮, 放入沸水锅中煮10分钟至熟, 捞出沥干, 切成大块。

3 将菠菜段、竹笋块放入果汁机中, 加入矿泉水、柠檬汁、蜂蜜搅打均匀成汁, 倒入杯中, 即可饮用。

菠菜橘子汁 15分钟

原料 菠菜150克, 橘子1个, 绿豆芽100克。

调料 蜂蜜1大匙, 矿泉水适量。

制作步骤 *Method*

1 菠菜去根, 择去老叶, 用清水洗净, 捞出, 放入沸水锅内焯烫一下, 捞出, 用冷水过凉, 沥水, 切成小段。

2 将橘子去皮及核, 剥成小瓣, 再除去白膜; 绿豆芽掐去两端, 洗净沥水。

3 将菠菜段、橘子瓣、绿豆芽放入果汁机中, 加入矿泉水、蜂蜜, 用中速搅打均匀成果蔬汁, 即可倒入杯中。

西芹生菜菠菜汁 15分钟

原料 菠菜150克，西芹1/2棵，生菜50克。

调料 蜂蜜3大匙，矿泉水适量。

制作步骤 Method

1 将菠菜去根，择去老叶，用清水洗净，捞出，放入沸水锅内焯烫一下，捞出，用冷水过凉，沥水，切成小段。

2 西芹择洗干净，除去老筋，切成小块；生菜取嫩叶，洗净，撕成大块。

3 将菠菜段、西芹块、生菜块放入果汁机中，加入矿泉水、蜂蜜搅打均匀成果蔬汁，即可倒入杯中。

菠菜雪梨汁 15分钟

原料 菠菜150克，雪梨2个，糖油50克。

调料 矿泉水100克，冰块适量。

制作步骤 Method

1 菠菜择洗干净，放入沸水锅中略煮，捞出，用冷水过凉，攥干水分，切成大段。

2 将雪梨洗净，擦净水分，削去外皮，切开成两半，去掉果核，切成小块；

3 将雪梨块、菠菜段放果汁机内，加入糖油、矿泉水搅打均匀成果蔬汁。

4 取出果蔬汁，倒入玻璃杯中，再加入砸碎的冰块拌匀，即可饮用。

菠菜西芹豆浆汁 `15分钟`

[原料] 菠菜150克,西芹1/2棵,熟豆浆200毫升。

[调料] 精盐少许。

(制作步骤) ·Method

1 菠菜去根,择去老叶,用清水洗净,捞出,放入沸水锅内焯烫一下,捞出,用冷水过凉,沥水,切成小段。

2 将西芹去根,择去老叶,用清水洗净,沥水,去除老筋,切成小块。

3 将菠菜段、西芹块放入果汁机中,加入熟豆浆、精盐搅打均匀成果蔬汁,即可倒入玻璃杯中饮用。

生菜水果汁 `15分钟`

[原料] 生菜200克,苹果1个,柠檬汁25毫升。

[调料] 蜂蜜1大匙,矿泉水适量。

(制作步骤) ·Method

1 将生菜去根,取嫩生菜叶,用淡盐水浸泡片刻并洗净,取出,撕成大块;苹果洗净,去皮及果核,切成小块。

2 将生菜叶、苹果块放入果汁机中,加入矿泉水、柠檬汁搅打均匀,再倒入杯中,放入蜂蜜调匀即可。

番茄芦笋汁 10分钟

原料 西红柿3个, 芦笋6根, 青椒1个。

调料 冰块、矿泉水各适量。

制作步骤 Method

1 将西红柿去蒂, 洗净, 在表面剐上浅十字花刀, 加入适量的热水稍烫一下, 剥去外皮, 切成小块。

2 将青椒洗净, 去蒂, 去籽, 切成小片; 芦笋洗净, 去除老根, 切成小段。

3 将西红柿块、芦笋段、青椒片、矿泉水放入果汁机中。

4 用中速搅打均匀成汁, 再倒入玻璃杯中, 加入冰块调匀即可。

胡萝卜芦笋汁 10分钟

原料 胡萝卜200克, 芦笋100克。

调料 蜂蜜1大匙, 白糖2大匙, 矿泉水250克, 冰块适量。

制作步骤 Method

1 将芦笋洗净, 擦净水分, 去除老根, 削去外皮, 切成小段。

2 胡萝卜洗净, 沥水, 去掉菜根, 削去外皮, 切成条状。

3 将芦笋段、胡萝卜条放入果汁机中, 加入矿泉水、蜂蜜、白糖搅打均匀成蔬菜汁。

4 取出蔬菜汁, 倒入玻璃杯中, 放入砸碎的冰块调匀, 即可饮用。

莲藕冰糖汁 20分钟

原料 莲藕250克。

调料 精盐少许, 糖桂花1小匙, 冰糖适量, 矿泉水750毫升。

制作步骤 Method

1 将莲藕洗净, 擦净水分, 去掉藕节, 削去外皮, 切成薄片。

2 净锅置火上, 放入清水和精盐烧沸, 倒入莲藕片焯烫一下, 捞出沥水。

3 净锅复置火上, 加入矿泉水煮沸, 放入莲藕片, 再转小火续煮3分钟。

4 然后关火稍凉, 放入冰糖、糖桂花搅至溶化, 即可滤入杯中饮用。

排毒藕果汁 20分钟

原料 莲藕250克，胡萝卜1/2根，橙子1个。

调料 矿泉水适量。

制作步骤 Method

1 将莲藕洗净，去皮，切成薄片，再放入沸水锅中略焯，捞出冲凉。

2 胡萝卜洗净，去根，削去外皮，切成细丝；将橙子切成小瓣，剥去外皮，去核，取出果肉，切成小块。

3 将莲藕片、胡萝卜丝、橙子块放入果汁机中，加入矿泉水搅打均匀成果蔬汁，即可倒入杯中饮用。

润喉藕果汁 15分钟

原料 莲藕150克，苹果1个，柠檬汁30毫升。

调料 精盐少许，矿泉水适量。

制作步骤 Method

1 将莲藕洗净，擦净水分，去掉藕节，削去外皮，切成薄片；苹果洗净，削去外皮，去掉果核，切成小块。

2 净锅置火上，放入清水和精盐烧沸，倒入莲藕片焯烫一下，捞出沥水。

3 将莲藕片、苹果块放入果汁机中，加入矿泉水搅打均匀成果蔬汁，再滤入玻璃杯中，倒入柠檬汁调匀即可。

毛豆梨汁 20分钟

原料 毛豆100克，鸭梨1/2个，豆浆150毫升。

调料 精盐少许，纯净水适量。

制作步骤 Method

1 将毛豆仁洗净，放入沸水锅中焯烫一下，再捞出冲凉，剥去薄皮。

2 鸭梨去蒂，洗净，削去外皮，切成两半，去果核，切成小块；豆浆放碗内，置于微波炉内加热2分钟，取出。

3 将毛豆仁、鸭梨块放入果汁机中，加入豆浆、精盐搅打均匀成果蔬汁，取出倒入玻璃杯中，即可饮用。

Part 3
坚果谷类汁

菠萝莲子糖水 75分钟

原料 菠萝300克, 莲子50克, 鲜奶250毫升。

调料 白砂糖适量。

制作步骤 Method

1 菠萝削去外皮, 挖去果眼, 用淡盐水浸泡片刻并洗净, 取出, 切成小块。

2 莲子用清水浸泡30分钟, 取出, 去掉莲子心, 放入沸水锅内焯烫一下, 捞出沥水。

3 净锅置火上, 放入清水烧沸, 下入莲子, 用小火煮20分钟至熟。

4 再加入菠萝块、白砂糖, 煮沸至砂糖完全溶化, 倒入鲜奶再煮3分钟, 离火, 倒在容器内, 上桌即可。

鸡蛋白果腐竹糖水 60分钟

原料 白果30粒, 腐竹50克, 鸡蛋2个。

调料 姜2片, 白糖适量。

制作步骤 Method

1 白果去皮, 放入清水盆中浸泡20分钟, 换水洗净, 捞出沥干。

2 腐竹放入清水盆中浸软, 沥水后切成方块; 鸡蛋煮熟, 去壳待用。

3 将白果、腐竹、姜片放入砂锅内, 加入清水, 烧开后改慢火煲10分钟左右。

4 加入熟鸡蛋, 再次煮沸, 然后放入白糖略煮, 出锅装碗即可。

栗果红枣糖水 90分钟

原料 栗子150克, 无花果50克, 红枣30克。

调料 红糖适量。

制作步骤 Method

1 将栗子用清水洗净, 剥去外皮, 去除内膜; 红枣洗净, 去除枣核, 取净果肉。

2 将无花果放入容器中, 加入温水浸泡至软, 捞出洗净, 沥干水分。

3 坐锅点火, 加入适量清水, 下入栗子肉、无花果、红枣, 用旺火烧沸, 撇去浮沫.

4 转小火煮约60分钟至栗子熟嫩, 放入红糖煮至溶化, 即可出锅装碗。

莲子菊花糖水 60分钟

原料 莲子50克，杭白菊20克。

调料 冰糖适量。

制作步骤 Method

1 把莲子用温水浸软，捞出，换清水漂洗干净，去掉莲子心。

2 菊花用清水洗净，放在容器内，倒入适量的热水浸泡几分钟，捞出。

3 净锅置火上，加入适量的清水，放入冰糖煮沸，撇去浮沫和杂质。

4 放入莲子和菊花，再沸后改用中火煮约30分钟，出锅装碗即可。

银耳栗子露 30分钟

原料 栗子100克，银耳15克。

调料 水淀粉1大匙，冰糖适量。

制作步骤 Method

1 银耳用温水浸泡至发涨，去蒂，撕成小朵；栗子放入清水锅内煮10分钟，取出过凉，剥去外壳及子，切成大粒。

2 净锅置火上，加入适量清水，再放入栗子果肉、银耳块、冰糖煮沸，转小火煮15分钟，用水淀粉勾芡，出锅装碗即成。

薏米红白糖水 2 小时

原料 胡萝卜200克，薏米100克，白果50克。

调料 冰糖适量。

制作步骤 ♥Method

1 胡萝卜洗净，去皮，切成小丁；薏米淘洗干净，再用温水泡透；白果剥去外壳，去掉胚芽，用清水洗净。

2 锅中调入适量的清水，加入淘洗好的薏米，用小火煮约50分钟，再加入白果、胡萝卜丁、冰糖煮至熟香入味，出锅即可。

香芒红豆糖水 3 小时

原料 芒果1个，红豆100克。

调料 马蹄粉、冰糖各适量。

制作步骤 ♥Method

1 芒果洗净，擦净水分，剥去外皮，去掉果核，切成小粒。

2 红豆淘洗干净，放在小盆内，加上沸水泡透；马蹄粉放小碗内，加上少许清水调匀成湿马蹄粉。

3 净锅置火上，注入适量的清水，加入红豆，用小火煲约90分钟。

4 加入芒果粒稍煮10分钟，加入湿马蹄粉、冰糖，续煮5分钟即成。

清热三宝糖水

原料 芡实100克, 薏米75克, 灯芯草6根。

调料 冰糖适量。

制作步骤 • Method

1 灯芯草用清水浸泡并洗净, 捞出, 放入沸水锅内焯煮片刻, 取出沥净。

2 把芡实、薏米放容器内, 加入适量的清水浸泡20分钟, 再换清水洗净。

3 净锅置火上, 加入芡实、薏米、灯芯草和适量清水烧沸。

4 加盖, 改用小火煮约90分钟至熟香, 再放入冰糖煮至溶化, 出锅装碗即成。

无花果冰糖水

原料 无花果干100克。

调料 精盐少许, 糖桂花1小匙, 蜂蜜2小匙, 冰糖2大匙。

制作步骤 • Method

1 将无花果洗净, 放在容器内, 加上适量的清水拌匀, 浸泡2小时, 取出无花果, 去沙, 再换清水洗净。

2 净锅置火上, 加入适量清水, 放入无花果烧沸, 转中小火煮约30分钟。

3 放入冰糖煮至溶化, 再加入精盐、糖桂花、蜂蜜调好口味, 出锅装碗即可。

杏仁苹果糖水

原料 苹果2个, 银耳20克, 北杏仁15克, 大枣2粒。

调料 冰糖适量。

制作步骤 • Method

1 银耳放容器内, 加上适量的温水浸泡至发涨, 取出, 去根部, 撕成小块。

2 苹果削去外皮, 去掉果核, 切成块状; 北杏仁、大枣分别洗净。

3 锅中加入适量清水, 放入苹果块、银耳块、北杏仁、大枣烧沸。

4 转中小火煮约30分钟, 再加入冰糖熬煮至完全溶化, 出锅装碗即成。

桂圆杏仁露 30 分钟

原料 桂圆100克，北杏仁25克。

调料 白砂糖适量。

制作步骤 Method

1 桂圆去掉外壳，取出桂圆，再去除果核，取净桂圆果肉。

2 北杏仁放在容器内，加上适量的热水浸泡10分钟，取出，剥去外皮，再把一半的北杏仁放入榨汁机中榨成汁。

3 将桂圆肉、另一半的杏仁放入净锅内，倒入榨好的杏仁汁烧沸。

4 转中小火熬煮10分钟，再放入白砂糖调拌均匀，出锅装碗即成。

南北杏炖双果 90 分钟

原料 苹果2个（约500克），无花果50克，南杏仁、北杏仁各10克。

调料 冰糖适量。

制作步骤 Method

1 苹果去蒂，洗净，削去外皮，切开成两半，去掉果核，切成小块。

2 无花果用温水浸泡片刻，捞出沥水；把南杏仁、北杏仁放在容器内，加入适量热水浸泡10分钟，取出，剥去子皮。

3 将苹果块、无花果、南杏仁、北杏仁、冰糖和适量清水放入炖盅内，放入锅里，加盖隔水炖60分钟，取出即可。

冰糖银耳莲子羹 90 分钟

原料 银耳、莲子、大红枣各适量。

调料 冰糖适量。

制作步骤 Method

1 银耳用温水浸泡至涨发，捞出，去蒂，再换清水洗净，撕成小朵。

2 莲子用清水泡软，洗净，去掉莲子心；红枣洗净，去掉枣核。

3 将银耳块放入炖盅内，加入适量清水、冰糖，再码放上莲子、大红枣。

4 蒸锅置火上，加入适量清水，放入炖盅，用中火隔水炖约60分钟，即可取出上桌。

水梨川贝无花果糖水 60分钟

原料 水梨2个, 川贝50克, 干无花果20克。

调料 冰糖适量。

制作步骤 · Method

1 将水梨削去外皮, 从中间剖开, 去除果核, 再洗净沥干, 切成大块。

2 将川贝、干无花果分别放入清水中浸泡至软, 洗净沥干。

3 净锅置火上, 加入适量清水, 先下入水梨块、川贝、无花果旺火烧沸, 再撇去浮沫。

4 转小火煮约30分钟, 然后加入冰糖煮至溶化, 即可出锅装碗。

西瓜莲子羹 90分钟

原料 西瓜500克, 干莲子50克。

调料 玉米淀粉3大匙, 冰糖适量。

制作步骤 · Method

1 将莲子放入清水中浸泡至涨发, 去除莲心, 洗净沥干。

2 西瓜去皮及籽, 取西瓜瓤, 切成小丁; 玉米淀粉加入适量清水调匀成粉浆。

3 锅中加入适量清水, 先下入莲子, 用旺火烧沸, 再转小火煮约15分钟。

4 然后放入玉米粉浆勾薄芡, 加入冰糖煮至溶化, 倒入大碗中, 放入冰箱冷藏, 加入西瓜丁拌匀即可。

麦冬双枣糖水 90分钟

原料 麦冬80克, 红枣、黑枣各60克。

调料 糖桂花、冰糖各适量。

制作步骤 · Method

1 将红枣、黑枣用清水浸泡并洗净, 取出沥水, 去掉枣核, 取净红枣肉、黑枣肉。

2 麦冬放在容器内, 加入适量热水浸泡10分钟, 取出沥净水分。

3 净锅置火上, 注入适量清水, 放入麦冬、黑枣、红枣烧沸。

4 转小火熬煮60分钟, 再加入冰糖、糖桂花煮至完全溶化, 出锅装碗即可。

枇杷杏仁糖水 60分钟

原料 枇杷100克,干杏仁10克。

调料 冰糖适量。

制作步骤 ♥Method

1 将枇杷剥去外皮,去除果核,用清水洗净,再切成小块。

2 干杏仁放入容器中,加入适量温水浸泡,再捞出去膜,放入沸水锅中焯烫一下,捞出过凉,沥干水分。

3 净锅置火上,加入适量清水,先下入枇杷块、杏仁旺火烧沸,再转中火煮约30分钟,然后放入冰糖煮至溶化,即可出锅。

山楂莲子糖水 3小时

原料 干莲子100克,山楂干50克。

调料 冰糖适量。

制作步骤 ♥Method

1 将山楂干洗净,放入清水中浸泡60分钟,取出,再从中间剖开,去除果核,切成小片。

2 将干莲子放入容器中,加入清水拌匀,浸泡60分钟,捞出洗净,去除莲子心。

3 坐锅点火,加入适量清水,先下入莲子、山楂片烧沸,撇去表面浮沫。

4 转小火熬煮约30分钟,然后加入冰糖煮至完全溶化,即可出锅装碗。

红枣红豆花生糖水 4小时

原料 红豆200克,花生100克,红枣50克。

调料 冰糖适量。

制作步骤 ♥Method

1 红豆淘洗干净,放在容器内,加入适量的热水拌匀,腌泡2小时。

2 花生剥去外壳,取花生仁,加入适量的温水浸泡10分钟,取出,去掉外膜;红枣洗净,去掉枣核,取净红枣肉。

3 净锅置火上,加入清水,放入红豆、红枣、花生仁,用旺火煮沸。

4 改小火煮约60分钟,再下入冰糖煮至完全溶化,出锅装碗即可。

菠萝莲子奶露 ②小时

原料 菠萝1000克，干莲子50克。

调料 精盐、水淀粉、冰糖各适量，鲜牛奶1000克。

制作步骤 • Method

1 菠萝削去外皮，切成小块，再放入淡盐水中浸泡10分钟，捞出沥干。

2 将莲子用温水浸泡至软，去除莲子心，再放入沸水锅中焯烫一下，捞出沥净。

3 锅置火上，加入适量清水，先下入莲子烧沸，再转小火煮30分钟，然后加入菠萝块续煮10分钟。

4 放入冰糖、鲜牛奶煮匀，淋入水淀粉勾芡，出锅倒入大碗中，即可上桌。

腐竹白果薏米糖水 ③小时

原料 腐竹100克，薏米75克，白果50克，鸡蛋2个。

调料 冰糖适量。

制作步骤 • Method

1 把薏米淘洗干净，再放入清水中浸泡60分钟；白果去壳，去衣，去心。

2 腐竹放容器内，加上适量的温水浸泡至涨发，捞出，攥干水分，切成小段。

3 锅内注入适量清水，放入白果、薏米，用旺火煮沸，改用小火煮60分钟。

4 然后加入腐竹段、冰糖，煮至冰糖溶化，将鸡蛋打散并淋入糖水中，再煮10分钟即成。

莲子百合莲藕糖水 ②小时

原料 莲藕100克，莲子25克，百合15克。

调料 白糖适量。

制作步骤 ♥ Method

1 莲藕去掉藕节，用清水洗净，擦净水分，削去外皮，切成圆片。

2 百合、莲子放入容器内，加入适量的清水浸泡至发涨，捞出沥水。

3 将百合、莲子放入锅内，注入适量的清水煮沸，改用小火煮约30分钟。

4 加入莲藕片，继续用小火煮30分钟，最后放入白糖煮至溶化，出锅装碗即成。

桂花白果番薯糖水 60分钟

原料 紫薯500克，白果30克，桂花20克。

调料 姜块5克，冰糖适量。

制作步骤 ♥ Method

1 紫薯洗净，去皮，切成大块；桂花用清水浸泡，洗去杂质，焯烫一下，捞出沥干。

2 白果剥去外壳，用清水浸泡10分钟，捞出，去除膜及胚芽，再放入沸水锅中略焯，捞出沥水；姜块洗净，切成小片。

3 净锅置火上，加入适量清水，先放入桂花，用小火煮10分钟出香味，撇去浮沫，下入地瓜块、白果、姜片煮约30分钟。

4 然后捞出姜片不用，放入冰糖煮至溶化，倒入大碗中，上桌即可。

莲子百合红枣糖水 【2 小时】

原料 百合100克，莲子75克，红枣20克。
调料 冰糖适量。

制作步骤 Method

1 红枣去掉果核，取红枣果肉，用清水洗净；莲子用清水浸泡，洗净，去掉莲子心。

2 百合去根，掰取百合花瓣，放入沸水锅内焯烫一下，捞出花瓣，放入冷水中过凉，再沥净水分待用。

3 净锅置火上，加入适量清水、红枣、莲子、百合烧沸，撇去浮沫。

4 加盖后改用小火煮60分钟，放入冰糖煮至完全溶化，出锅即可。

莲合银耳鸡蛋糖水 【2 小时】

原料 莲子50克，百合20克，银耳15克，鸡蛋2个。
调料 冰糖适量。

制作步骤 Method

1 百合、莲子用温水浸泡30分钟，再换清水洗净；银耳用温水浸泡至涨发，取出，去蒂，撕成小块。

2 把鸡蛋放入冷水锅内，置于火上煮熟，捞出鸡蛋，过凉，剥去外壳。

3 净锅置火上，先加入适量清水，再放入莲子、百合、银耳块烧沸。

4 改小火煮约75分钟，加入熟鸡蛋，放入冰糖煮至冰糖溶化即可。

橙子芝麻糊 【30 分钟】

原料 芝麻300克，橙子100克。
调料 白砂糖适量。

制作步骤 Method

1 橙子剥去外皮，去掉白色筋络，取橙子瓣，切成片。

2 净锅置火上烧热，放入芝麻，小火煸炒5分钟，取出晾凉，用擀面杖压成粉末状。

3 净锅置火上，加入适量的清水烧沸，再放入白砂糖煮溶化。

4 慢慢倒入芝麻粉，一边倒一边不断搅拌成浓糊状，放入橙子片，出锅装碗即成。

松子杏仁西米露 40分钟

原料 西米100克, 杏仁25克, 松子15克, 彩色巧克力糖10粒。

调料 白砂糖适量。

制作步骤 Method

1 杏仁洗净, 放入清水锅内煮熟, 取出晾凉, 剥去外膜。

2 西米淘洗干净, 放入净锅内, 加入适量的清水烧沸, 改中火煮15分钟, 至透明后, 出锅过冷水, 盛入大碗中。

3 再把熟杏仁、松子、彩色巧克力糖放在盛有西米的碗中, 撒上白砂糖即可。

草莓西米露 60分钟

原料 西米200克, 草莓50克。

调料 白糖、冰块各适量。

制作步骤 Method

1 将西米去除杂质, 淘洗干净, 再放入清水盆中浸泡30分钟, 捞出沥干; 草莓去蒂, 洗净沥干, 大的一切两半。

2 净锅置火上, 加入适量清水, 先下入西米用旺火烧沸, 撇去浮沫, 转小火煮约15分钟。

3 然后加入白糖煮匀, 离火出锅, 倒入大碗中, 晾凉后放入冰箱冷藏, 饮用时取出, 加入冰块、草莓拌匀即可。

燕麦奶香蛋花糖水 90分钟

原料 燕麦100克, 牛奶100毫升, 鸡蛋1个。

调料 冰糖适量。

制作步骤 Method

1 把燕麦放在容器内, 加上适量的清水调匀, 腌泡60分钟, 捞出; 鸡蛋磕在碗内, 打散成鸡蛋液。

2 净锅置火上, 加入适量清水, 放入燕麦、牛奶煮沸, 改小火煮20分钟。

3 加入冰糖, 继续用小火熬煮5分钟, 撇去浮沫和杂质, 再慢慢淋入鸡蛋液成蛋花, 出锅装碗即成。

菠萝西米露 30分钟

原料 西米150克，菠萝100克。

调料 精盐少许，白砂糖适量。

制作步骤 Method

1 菠萝削去外皮，挖去果眼，切成小块，放在容器内，加上清水和精盐拌匀，浸泡10分钟，捞出沥水。

2 净锅置火上，加上适量的清水煮沸，倒入淘洗好的西米，用中火煮15分钟。

3 再加入菠萝块，继续用中火煮5分钟，去掉浮沫和杂质，再加入白砂糖煮至溶化，出锅装碗即可。

芒果西米露 60分钟

原料 西米200克，芒果150克。

调料 冰糖适量。

制作步骤 Method

1 把西米放在容器内，加入适量的温水浸泡30分钟，再淘洗干净。

2 把芒果洗净，沥净水分，取芒果果肉，在内侧剞上十字花刀（或切成小块）。

3 净锅置火上，放入清水、西米烧沸，转小火熬煮10分钟。

4 再放入芒果、冰糖调匀，小火煮约5分钟，出锅装碗即成。

鲜奶莲子冰 75分钟

原料 莲子100克，牛奶300毫升。

调料 糖水、冰块适量。

制作步骤 Method

1 将莲子用温水浸泡至发涨，捞出，沥净水分，去掉莲子心，再放入锅内煮熟。

2 捞出熟莲子，放在大碗内，加上糖水、牛奶、冰块调匀，即可饮用。

竹荪莲子糖水 60分钟

原料 莲子50克，红枣20克，竹荪15克。

调料 白糖适量。

制作步骤 Method

1 竹荪用清水浸泡60分钟至涨发，洗净，沥干，切去长条，放入清水锅内焯煮5分钟，捞出过凉，沥干水分。

2 红枣洗净，去除枣核；莲子用清水泡发，去除莲心，再换水洗净。

3 锅置火上，加入清水，下入莲子烧沸，转小火煮20分钟，加入红枣、竹荪段续煮10分钟。

4 撇去表面浮沫，放入白糖调匀，离火出锅，倒入大碗中即可。

无花果炖银耳 90分钟

原料 无花果50克，银耳25克，枸杞子5克。

调料 红糖适量。

制作步骤 ·Method

1 将银耳放入清水中泡发，捞出沥水，去蒂，再洗净，撕成小朵；枸杞子、无花果分别洗净，沥干水分。

2 取炖盅1个，放入银耳块、无花果、枸杞子、红糖，加入适量清水。

3 蒸锅置火上，加入适量清水烧沸，放入炖盅，隔水炖约60分钟，取出上桌即可。

果粒芝麻糊 30分钟

原料 青苹果200克，芝麻100克，芒果75克。

调料 奶油2大匙，水淀粉1大匙，冰糖适量。

制作步骤 ·Method

1 把芝麻放入烧热的净锅内煸炒至熟香，取出晾凉，压成芝麻粉。

2 青苹果、芒果分别洗净，削去外皮，切开成两半，去掉果核，再切成小粒。

3 净锅置火上，加入适量清水烧沸，慢慢加入芝麻粉烧沸，用水淀粉调节适当的浓度。

4 出锅晾凉，盛入大碗中，放入青苹果粒、芒果粒、奶油拌匀即可。

奇异西米露 60分钟

原料 西米200克，奇异果75克，火龙果50克。

调料 冰糖适量。

制作步骤 ·Method

1 奇异果、火龙果分别洗净，剥去外皮，取出果肉，切成小块。

2 西米放入容器内，加入适量的清水淘洗干净，再浸泡30分钟。

3 净锅置火上，加上适量的清水烧沸，倒入西米煮约15分钟。

4 放入冰糖煮至溶化，出锅晾凉，盛放在大碗内，放入奇异果块、火龙果块即可。

西米鹌鹑蛋糖水 【90分钟】

原料 西米100克，鹌鹑蛋10个。

调料 白糖适量。

制作步骤 Method

1 把西米放在容器内，加上适量的清水拌匀，浸泡30分钟。

2 将西米放入锅内，加入适量的沸水煮10分钟后离火，再浸泡10分钟。

3 鹌鹑蛋放入清水锅内，用中火煮熟，取出过凉，剥去外壳。

4 锅内放入清水煮沸，加入西米、鹌鹑蛋和白糖煮5分钟，出锅装碗即成。

杨梅西米露 【60分钟】

原料 西米200克，杨梅50克。

调料 精盐少许，白砂糖适量。

制作步骤 Method

1 把杨梅放入淡盐水中浸泡片刻并洗净，捞出沥净水分，去掉果核。

2 西米放在容器内，加上适量的清水拌匀，浸泡30分钟。

3 将西米放入锅内，加入适量的沸水煮10分钟后端离火位，再浸泡10分钟。

4 待把熬煮好的西米放凉后，倒在大碗内，放入杨梅，撒上白砂糖即可。

黑糯米芒果糖水 【3小时】

原料 黑糯米200克，芒果100克，椰汁100毫升。

调料 冰糖适量。

制作步骤 Method

1 把黑糯米去掉杂质，先用清水淘洗干净，再放入清水中浸泡2小时。

2 芒果剥去外皮，去掉芒果的果核，再切成小粒；把椰汁倒在大碗内。

3 净锅置火上，加入适量的清水，再放入黑糯米烧沸，用小火煮约30分钟。

4 加入冰糖、芒果粒，继续用小火煮5分钟，出锅，倒在盛有椰子的碗内，调拌均匀即可。

薏仁薏粉糖水 ③ 小时

原料) 薏米仁100克，薏粉50克。

调料) 白砂糖2大匙，蜂蜜2小匙。

制作步骤 ·Method

1 把薏米仁去掉杂质，先用清水淘洗干净，再放入清水盆中浸泡2小时。

2 净锅置火上，加入适量的清水，再放入薏米仁烧沸，用小火煮约30分钟。

3 把薏粉放小碗内，加上适量的清水调匀，再慢慢倒入盛有薏米仁的锅内。

4 撇去浮沫和杂质，加入白砂糖、蜂蜜调好口味，出锅装碗即成。

荞麦布丁粥 ⑤ 小时

原料) 荞麦200克，布丁2块。

调料) 冰糖、蜂蜜各适量。

制作步骤 ·Method

1 把荞麦去掉杂质，用清水淘洗干净，再放入清水中浸泡4小时。

2 净锅置火上，加入适量的清水，再放入荞麦烧沸，用小火煮30分钟。

3 再加入冰糖煮至溶化，撇去浮沫和杂质，加入蜂蜜调好口味。

4 离火晾凉，盛放在大碗内，加上切成小块的布丁即成。

哈密瓜黑米露 ③ 小时

原料) 哈密瓜1个，黑米100克。

调料) 冰糖水适量。

制作步骤 ·Method

1 哈密瓜果肉一半用果汁机打成泥，冷藏；另一半挖成球状。

2 黑米去掉杂质，先用清水淘洗干净，再放入清水中浸泡2小时。

3 锅置火上，加入适量的清水，再放入黑米烧沸，用小火煮约30分钟。

4 离火后晾凉，放在大碗内，再放入哈密瓜球、哈密瓜泥和冰糖水调匀即可。

黑糯米红绿粥 `6小时`

原料 黑糯米100克，绿豆、红豆各50克。

调料 老姜块25克，冰糖适量。

制作步骤 *Method*

1 将黑糯米、绿豆、红豆分别淘洗干净，用清水浸泡5小时。

2 老姜块洗净，去皮，放在小碗内，加上少许清水捣烂成姜汁。

3 锅中加入适量清水，放入黑糯米、红豆、绿豆、姜汁烧煮至沸。

4 改用小火煮约60分钟，待米烂成粥时，加入冰糖煮至溶化，出锅即成。

红提花生糖水 `50分钟`

原料 红提子150克，花生仁100克。

调料 冰糖、冰块各适量。

制作步骤 *Method*

1 将花生仁放入大碗中，加入温水浸泡30分钟，捞出沥干；红提子剥去外皮，去掉葡萄子，每个切成两半。

2 净锅置火上，加入适量清水烧沸，先下入冰糖熬煮5分钟，撇去表面浮沫。

3 再放入花生仁，转中火煮约20分钟，离火后倒入容器中晾凉，然后放入红提子和冰块拌匀，即可饮用。

莲子燕麦鹌鹑蛋糖水 `4小时`

原料 燕麦100克，莲子50克，鹌鹑蛋10个。

调料 冰糖适量。

制作步骤 *Method*

1 莲子、燕麦分别洗净，再放入清水中浸泡2小时，捞出沥水。

2 把鹌鹑蛋放入清水锅内，用小火煮熟，捞出，用冷水过凉，剥去外壳。

3 将浸泡好的莲子、燕麦放入净锅内，加入适量的清水烧沸。

4 盖上锅盖，用小火煮50分钟，再加入熟鹌鹑蛋煮沸，放上冰糖略煮5分钟，出锅即可。

杏仁双枣糖水

60分钟

原料 红枣、黑枣各50克，干杏仁20克。

调料 白砂糖适量。

制作步骤 *Method*

1 将杏仁放入清水中泡透，去除外皮，再放入沸水锅内焯烫一下，捞出沥净；红枣、黑枣分别洗净，去除枣核。

2 净锅置火上，加入适量清水，先下入红枣、黑枣，用旺火烧沸。

3 撇去表面浮沫，转小火煮约30分钟，然后加入杏仁、白砂糖，继续煮约10分钟，出锅装碗即成。

黑米银耳糖水

2小时

原料 黑米200克，干银耳50克。

调料 冰糖适量。

制作步骤 *Method*

1 黑米去除杂质，洗净，放入清水盆中浸泡60分钟，捞出沥干。

2 银耳用温水浸泡至涨发，捞出，去蒂，再用清水洗净，撕成小朵。

3 净锅置火上，加入适量清水，先下入黑米烧沸，撇去浮沫，转小火煮约20分钟。

4 再放入银耳块续煮20分钟，加入冰糖煮至完全溶化，出锅装碗即成。

芝麻核桃糊 `60分钟`

原料 芝麻300克，核桃200克。

调料 白砂糖适量。

制作步骤 ·Method

1 把芝麻放入烧热的净锅内，用小火煸炒约5分钟至熟，取出芝麻，晾凉，再用擀面杖擀压成芝麻粉。

2 把核桃放入蒸锅内，旺火蒸10分钟，取出，敲碎外壳，取出核桃仁，再剥去皮膜。

3 净锅置火上，加入适量清水烧沸，下入核桃仁、白砂糖煮成核桃糖水。

4 再把芝麻粉慢慢倒入核桃糖水中，用筷子不停地搅拌成糊状，出锅即可。

黑糯米煮汤丸 `4小时`

原料 黑糯米100克，糯米汤丸20粒。

调料 红糖适量。

制作步骤 ·Method

1 将黑糯米去除杂质，放入清水中浸泡2小时，洗净，沥干。

2 坐锅点火，加入适量清水烧沸，先下入糯米汤丸烧沸，撇去浮沫，转小火焖煮至熟，盛入大碗中。

3 净锅置火上，加入适量清水，先放入黑糯米煮沸，再转中火煮约75钟，待糯米熟烂、汤汁黏稠时。

4 加入红糖煮至完全溶化，倒入煮好的糯米汤丸烧沸，即可出锅装碗。

百合花生露 `40 分钟`

原料 鲜百合150克，花生100克，枸杞子15克。

调料 红糖、水淀粉适量。

制作步骤 Method

1 把花生用温水浸泡10分钟，捞出，剥去花生膜，再换清水洗净。

2 鲜百合去根，掰取百合瓣，用清水洗净，放入沸水锅内焯烫一下，捞出沥净；枸杞子泡透，洗净待用。

3 净锅置火上，加入清水烧沸，投入花生仁、鲜百合，用中火煮20分钟。

4 再放入枸杞子、红糖调匀，慢慢加入水淀粉搅匀，出锅即可。

栗子银耳糖水 `75 分钟`

原料 板栗200克，银耳50克。

调料 红糖适量。

制作步骤 Method

1 板栗洗净，在表面剖上一个小口，放入清水锅内煮10分钟，取出过凉，去掉外壳和内膜，取净板栗肉。

2 银耳用温水浸泡至涨发，捞出去蒂，再用清水洗净，撕成小朵。

3 净锅置火上，加入适量清水，先放入板栗肉烧沸，转小火煮10分钟。

4 再加入银耳块煮15分钟，然后加入红糖煮至溶化，出锅装碗即可。

花生红米糖水 `3 小时`

原料 红米200克，花生100克。

调料 冰糖适量。

制作步骤 Method

1 将红米去除杂质，放入清水盆中浸泡60分钟，再换清水淘洗干净，沥水。

2 花生用温水浸泡10分钟，捞出，剥去花生红膜，取净花生仁。

3 将红米、花生仁、适量清水一起放入净锅中，先用旺火煮沸。

4 撇去浮沫和杂质，再转小火煮约60分钟至熟香，再加入冰糖煮至溶化，充分入味后，出锅装碗即可。

杨梅糯米粥 90 分钟

原料 糯米200克，杨梅10粒。

调料 冰糖适量。

制作步骤 Method

1 把杨梅放入淡盐水中浸泡片刻并洗净，捞出沥净水分，去掉果核。

2 糯米放在容器内，加上适量清水拌匀，浸泡30分钟。

3 将浸泡好的糯米倒入净锅内，加上适量的清水，用旺火煮沸。

4 加入杨梅，改小火煮45分钟至糯米熟香，再加入冰糖煮10分钟，出锅装碗即可。

杂豆椰香糖水 2 小时

原料 芋头200克，红豆、眉豆、绿豆、花豆、花生仁各20克，椰丝少许。

调料 白糖适量，椰奶100克。

制作步骤 Method

1 将芋头去皮，洗净，切成小丁；红豆、眉豆、绿豆、花豆、花生仁放入容器中，加入清水浸泡30分钟，洗净，沥干。

2 净锅置火上，加入适量清水，先下入红豆、眉豆、绿豆、花豆、花生仁调匀，用旺火烧沸，再转小火煮约20分钟。

3 然后放入芋头丁、白糖续煮20分钟，再加入椰奶、椰丝煮匀，即可出锅装碗。

金银黑米粥 6 小时

原料 黑米100克，金银花20克。

调料 白砂糖适量。

制作步骤 Method

1 将黑米去掉杂质，先用清水淘洗干净，再放入清水盆中浸泡5小时。

2 金银花用温水浸泡，洗净，再放入沸水锅内焯烫一下，捞出过凉，沥净水分。

3 净锅置火上，加入适量的清水，放入黑米、金银花，用旺火煮沸。

4 改用小火煮约60分钟至米烂粥熟，然后加入白砂糖煮至溶化，即可出锅装碗。

卧蛋莲子糖水 【2小时】

原料 莲子100克，鸡蛋2个。

调料 鲜奶200毫升，冰糖适量。

制作步骤 Method

1 将莲子用温水浸泡至发涨，捞出，沥净水分，去掉莲子心。

2 净锅置火上，加入适量清水，用小火煮沸，打入鸡蛋卧5分钟，捞出成卧鸡蛋。

3 净锅复置火上，倒入适量的清水煮沸，先放入莲子，用中小火煮约30分钟。

4 加入卧鸡蛋调匀，再放入鲜奶、冰糖煮沸，出锅装碗即成。

红豆年糕糖水 【3小时】

原料 年糕200克，红豆100克。

调料 老姜1小块，冰糖适量。

制作步骤 Method

1 把年糕切成2厘米大小的丁；红豆用清水浸泡2小时，洗净。

2 净锅置火上，放入红豆、老姜块，再加入适量的清水，用旺火煮沸。

3 撇去浮沫和杂质，改用小火慢煮60分钟，取出老姜块不用。

4 加入切好的年糕丁煮5分钟，放入冰糖煮至溶化，出锅装碗即可。

蒲公英绿豆糖水 4 小时

原料 绿豆、大米各100克,蒲公英20克。

调料 白糖适量。

制作步骤 Method

1 将蒲公英择洗干净,放入温水中浸泡30分钟,捞出沥干。

2 把绿豆、大米淘洗干净,再放入清水盆中浸泡60分钟,捞出沥水。

3 坐锅点火,加入适量清水,先下入绿豆、大米旺火烧沸,撇去浮沫,转小火煮60分钟。

4 然后加入蒲公英续煮20分钟,再放入白糖煮至溶化,即可出锅装碗。

黑豆山楂糖水 8 小时

原料 黑豆150克,山楂100克。

调料 冰糖适量。

制作步骤 Method

1 将黑豆去除杂质,放入清水中浸泡6小时,洗净,沥干。

2 山楂去除果柄,洗净,沥干,再放入清水盆中浸泡60分钟。

3 净锅置火上,加入适量清水,放入黑豆、山楂,用旺火烧沸。

4 再转中小火煮约50分钟,然后加入冰糖煮至完全溶化,即可出锅装碗。

松仁芝麻糊 40分钟

原料 黑芝麻100克，松仁25克。

调料 马蹄粉1大匙，白糖2大匙，植物油、白糖各适量。

制作步骤 Method

1 净锅置火上，放入植物油烧至三成热，下入松仁炸上颜色，捞出沥油。

2 净锅置火上烧热，放入黑芝麻煸炒5分钟至熟香，取出晾凉。

3 把熟黑芝麻磨成粉，加上马蹄粉拌匀，再加入适量的清水调成粉浆。

4 锅置火上，放入清水烧沸，倒入芝麻粉浆煮15分钟，放入白糖拌匀，撒上松仁即可。

无花果乌梅糖水 75分钟

原料 无花果100克，乌梅20克。

调料 冰糖适量。

制作步骤 Method

1 把无花果洗净，放入清水中浸泡20分钟，取出，沥净水分。

2 乌梅放在小碗内，加上少许清水调匀，上屉用旺火蒸几分钟，取出晾凉。

3 净锅置火上，加入适量的清水，再放入无花果、乌梅，先用旺火烧沸。

4 再转中小火煮约30分钟，加入冰糖煮至完全溶化，出锅装碗即可。

芝麻蛋清炖鲜奶 60分钟

原料 芝麻150克，炼乳50毫升，鸡蛋清5个。

调料 鲜奶600毫升，白糖适量。

制作步骤 Method

1 鸡蛋清放在大碗内，用抽子打匀，加入鲜奶、炼乳、白糖，继续搅打至起泡，放入蒸锅内蒸15分钟，取出成蛋清鲜奶羹。

2 锅置火上烧热，放入芝麻煸炒5分钟至熟香，取出晾凉，压成芝麻粉。

3 锅置火上，放入清水烧沸，倒入芝麻粉煮10分钟至浓稠，出锅成芝麻糊。

4 将芝麻糊倒入蒸好的蛋清鲜奶羹中，盖上盖，隔水炖20分钟即可。

木瓜西米露 `90分钟`

原料 木瓜300克，西米100克。

调料 椰汁100毫升，白糖适量。

制作步骤 Method

1 把西米用清水浸泡30分钟，再放入清水锅内，用旺火煮沸，转小火煮至熟，出锅晾凉，再滤去水分。

2 木瓜洗净，削去外皮，去掉木瓜，切成小块，放入清水锅内，中火煮约15分钟。

3 再加入煮熟的西米稍煮片刻，撇去浮沫和杂质，加入白糖煮至溶化，倒入椰汁拌匀，出锅装碗即成。

腐竹栗子玉米粥 `60分钟`

原料 栗子200克，玉米粒100克，腐竹50克。

调料 冰糖适量。

制作步骤 Method

1 把栗子洗净，表面切一小口，放入沸水锅内煮10分钟，取出，剥去外壳，去掉子膜，取栗子净果肉，切成小块。

2 腐竹用温水浸泡至发涨，捞出，攥干水分，切成小段；玉米粒洗净。

3 将栗子块、玉米粒、腐竹段和适量清水放入锅内，用中小火煲30分钟。

4 加入冰糖煮至完全溶化，离火出锅，装碗上桌即可。

陈皮芝麻糊 `40分钟`

原料 黑芝麻300克，陈皮10克。

调料 精盐少许，砂糖适量。

制作步骤 Method

1 陈皮浸泡至软，放入清水锅内煮沸，捞出，用冷水过凉，沥水，用刀刮去皮内白膜，切成丝，加上少许精盐拌匀，稍腌。

2 净锅置火上烧热，下入黑芝麻煸炒出香味，出锅晾凉，擀压成粉末。

3 净锅复置火上，加入适量清水烧沸，倒入黑芝麻粉，用筷子不停地搅拌均匀。

4 再加入陈皮丝调匀，用小火煮15分钟，加入冰糖煮至溶化即可。

腰豆莲子糖水 4小时

原料 腰豆200克，莲子100克。

调料 红糖适量。

制作步骤 Method

1 腰豆去掉杂质，淘洗干净，放在容器内，加上适量的热水拌匀，浸泡2小时，取出。

2 莲子用温水浸泡至发涨，取出，去掉莲子心，再换清水洗净。

3 净锅置火上，加入适量清水，放入腰豆、莲子，用旺火煮沸。

4 再改用小火煮50分钟，加入红糖调匀，继续煮10分钟至熟香，出锅即可。

养生核桃糊 30分钟

原料 核桃250克，牛奶150毫升。

调料 矿泉水、白砂糖各适量。

制作步骤 Method

1 把核桃洗净，放入蒸锅内，旺火蒸10分钟，取出核桃，敲碎外壳，取出核桃仁，放入热水中浸泡几分钟，再去掉内膜。

2 把核桃仁、矿泉水放入果汁机内，用中速搅打均匀成核桃粉糊状。

3 将核桃粉糊倒入净锅中，用小火煮15分钟，加入白砂糖煮至溶化，再淋入牛奶搅匀，出锅装碗即可。

腐竹薏米炖莲子 5小时

原料 薏米100克，腐竹50克，莲子30克。

调料 蜂蜜适量。

制作步骤 Method

1 腐竹用清水浸泡至发涨，捞出，沥净水分，切成小段。

2 把薏米、莲子分别洗净，再放入清水中浸泡至发涨，取出，换清水洗净。

3 将腐竹段、薏米、莲子一同放入炖盅内，加入适量清水烧沸。

4 再改用小火炖煮约3小时，然后加入蜂蜜调好口味，即可出锅装碗。

核桃花生糖水 `2小时`

（原料）核桃200克，花生仁150克。

（调料）冰糖适量。

（制作步骤）*Method*

1 花生仁用清水浸泡60分钟后洗净，放入榨汁机打成糊状。

2 把核桃洗净，放入蒸锅内，旺火蒸10分钟，取出核桃，敲碎外壳，取出核桃仁，放入热水中浸泡几分钟，再去掉内膜。

3 将核桃肉放入锅内，加入清水煮沸，改慢火煲30分钟。

4 再倒入花生糊煮沸后，放入冰糖略煮至溶化，出锅装碗即可。

黑米年糕糖水 `5小时`

（原料）年糕200克，黑米100克。

（调料）冰糖适量。

（制作步骤）*Method*

1 黑米去掉杂质，用清水淘洗干净，放在容器内，再加上适量清水浸泡4小时。

2 把年糕切成小块，放在盘内，上屉旺火蒸10分钟，取出晾凉。

3 净锅置火上，放入黑米，再加入适量清水煮沸，改小火煮约60分钟。

4 下入年糕块稍煮几分钟，再加入冰糖煮至完全溶化，出锅装碗即可。

黑糯米甜麦粥 `5小时`

（原料）黑糯米150克，小麦100克。

（调料）白糖适量。

（制作步骤）*Method*

1 把黑糯米去掉杂质，用清水淘洗干净，放在容器内，再加上清水浸泡4小时。

2 小麦去掉杂质，洗净、晾干水分，放入烧热的净锅内煸炒10分钟，取出晾凉。

3 净锅置火上，加入适量清水煮沸，放入黑糯米、小麦，再沸后撇去浮沫。

4 改小火煮约60分钟至熟香，放入白糖煮至完全溶化，出锅装碗即成。

黑芝麻糊汤圆 60分钟

原料 糯米粉200克，黑芝麻150克。

调料 熟猪油2大匙，白砂糖适量。

制作步骤 Method

1 黑芝麻放入净锅内煸炒出香味，取出晾凉，用榨汁机搅拌成粉状。

2 糯米粉放在容器内，加上适量的温水和熟猪油搓揉均匀成糯米粉团，稍饧，搓成长条，下成小剂子，再揉搓成汤丸。

3 净锅置火上，加入适量清水烧沸，慢慢倒入黑芝麻粉，搅拌成糊状。

4 把汤丸放入清水中煮熟，取出过凉，放入芝麻糊中续煮片刻，出锅装碗即成。

奶香花生糖水 90分钟

原料 花生200克，牛奶150克。

调料 白糖适量。

制作步骤 Method

1 花生去掉外壳，取带皮花生仁，放在容器内，加上适量的温水浸泡30分钟，取出。

2 净锅置火上，加入适量的清水，倒入带皮花生仁烧沸，转小火煮约30分钟，再加入牛奶和白糖煮至微沸，出锅装碗即可。

莲子百宝糖粥 〔4 小时〕

原料 百宝粥料100克，莲子50克。

调料 白糖适量。

制作步骤 Method

1 把百宝粥料淘洗干净，放入容器内，再加上适量的清水拌匀，浸泡2小时。

2 将莲子用温水浸泡至软，取出，放入沸水锅内焯烫一下，捞出过凉，去掉莲子心。

3 将百宝粥料放入净锅中，加入适量清水，先用旺火烧沸。

4 再放入莲子，改用小火煲约60分钟，至米烂成粥，然后加入白糖煮至溶化，充分入味后，即可出锅装碗。

椰香黑糯米糖水 〔3 小时〕

原料 黑糯米100克。

调料 白糖适量，椰奶100克。

制作步骤 Method

1 将黑糯米去除杂质，洗净，放入清水盆中浸泡2小时，捞出沥干。

2 坐锅点火，加入适量清水，先下入黑糯米调匀，用旺火烧沸。

3 再撇去表面浮沫，转中小火煮约50分钟至米粒熟烂。

4 然后放入椰奶和白糖续煮5分钟，离火出锅，装碗上桌即成。

黑豆枣茸奶露 60分钟

原料 黑豆200克，红枣20克。

调料 白糖适量，牛奶100克。

制作步骤 Method

1. 黑豆去除杂质，洗净，沥干，再放入热锅内，用中小火翻炒至熟香，出锅，放入清水盆中浸泡15分钟，捞出沥干。

2. 红枣洗净，沥净水分，切成两半，去掉果核，取红枣果肉，切成碎粒。

3. 坐锅点火，加入适量清水，先下入红枣、黑豆烧沸，再撇去浮沫，转中火煮20分钟。

4. 然后倒入牛奶煮至微沸，加入白糖搅拌均匀，即可出锅装碗。

莲合红豆沙 90分钟

原料 红豆200克，莲子75克，百合50克。

调料 白糖适量。

制作步骤 Method

1. 红豆去掉杂质，用清水洗净，放容器内，加入适量的温水浸泡30分钟，捞出。

2. 莲子洗净，浸泡至发涨，去掉莲子心；百合去根，洗净，撕成片。

3. 净锅置火上，加入清水烧沸，放入莲子、百合焯烫一下，捞出沥水。

4. 把泡好的红豆放入锅内，加上适量清水，用中火煮60分钟，加入莲子、百合，转小火煮20分钟，放入白糖煮至溶化即可。

黑米汤丸 3小时

原料 糯米粉200克，黑米100克。

调料 熟猪油2大匙，红糖适量。

制作步骤 Method

1. 黑米浸泡，洗净；糯米粉放在容器内，加上适量的温水和熟猪油搓揉均匀成糯米粉团。

2. 把糯米粉团稍饧，搓成长条，下成剂子，再揉搓成汤丸，放入清水锅内煮熟，取出过凉。

3. 把黑米倒入净锅里，加上适量的清水调匀，用旺火煮至沸。

4. 改小火煮约30分钟。加入煮熟的汤丸调匀，再放入红糖煮至完全溶化，出锅即可。

香甜八宝粥 7 小时

原料 大米、黑米、腰豆、花生、绿豆、赤小豆各50克，莲子、大枣各25克。

调料 冰糖适量。

制作步骤 Method

1 将大米、黑米、腰豆、花生、绿豆、赤小豆、莲子、大枣分别洗涤整理干净，放入清水中浸泡6小时至软。

2 坐锅点火，加入适量清水，放入大米、黑米、腰豆、花生、绿豆、赤小豆、莲子、大枣，先用旺火煮沸。

3 再改用小火煮约30分钟，然后加入冰糖煮至溶化，出锅装碗即成。

奶香黑米粥 3 小时

原料 黑米200克，牛奶100克。

调料 白糖适量。

制作步骤 Method

1 将黑米去除杂质，洗净，放入清水盆中浸泡2小时，捞出沥干。

2 坐锅点火，加入适量清水，先下入黑米调匀，用旺火烧沸。

3 再撇去表面浮沫，转中小火煮约50分钟至米粒熟烂。

4 加入白糖，倒入牛奶调匀，继续煮10分钟，即可出锅装碗。

益寿红米粥 8 小时

原料 鲜淮山200克，红米100克，枸杞子10克。

调料 姜片10克，冰糖适量。

制作步骤 Method

1 红米去掉杂质，淘洗干净，再放入清水中浸泡6小时。

2 鲜淮山削去外皮，用清水洗净，沥水，切成小块；枸杞子洗净，沥水。

3 将红米放入净锅内，加入适量清水烧沸，再改用小火煮约30分钟。

4 然后放入鲜淮山、枸杞子和姜片，用中火煮至鲜淮山熟透，再放入冰糖煮至溶化，即可出锅装碗。

花生糯米粥

6小时

原料 糯米100克，栗子、花生各50克。

调料 老姜1小块，冰糖适量。

制作步骤 Method

1 糯米去掉杂质，用清水淘洗干净，放在容器内，再加上清水浸泡4小时。

2 把栗子放入清水锅内煮10分钟，取出，用冷水过凉，去外壳，去衣；花生用温水浸泡片刻，取出去衣。

3 净锅置火上，加入适量的清水，放入糯米、栗子、花生和老姜，用旺火烧沸。

4 改用小火煮约60分钟，放入冰糖煮至溶化，出锅装碗即可。

燕麦黑糯米粥

2小时

原料 黑糯米100克，燕麦50克，桂圆肉25克，红枣15克。

调料 冰糖适量。

制作步骤 Method

1 黑糯米、燕麦分别浸泡并且洗净；红枣洗净去核；桂圆肉洗净。

2 锅内加入清水，放入黑糯米、燕麦、红枣、桂圆肉烧沸，改用小火煮约50分钟，放入冰糖煮至溶化，出锅即可。

黑米小米粥 ⑥小时

原料 黑米150克，小米100克。

调料 冰糖适量。

制作步骤 ♥ Method

1 把黑米去掉杂质，用清水淘洗干净，放在容器内，再加上清水浸泡4小时；小米淘洗干净，放入清水中浸泡60分钟。

2 坐锅点火，加入适量清水，放入黑米、小米，用旺火煮沸，再改用小火煮60分钟至成粥，加入冰糖煮至完全溶化即成。

海椰黑糯米粥 ⑧小时

原料 黑糯米150克，海底椰100克。

调料 白糖适量。

制作步骤 ♥ Method

1 将海底椰洗净，切成细块，放入沸水锅内焯烫一下，捞出，用冷水过凉，沥水。

2 黑糯米淘洗干净，除去杂质，放入清水中浸泡6小时。

3 将黑糯米放入净锅中，加入适量沸水，用旺火煮约30分钟。

4 再放入海底椰块，改用小火煮约20分钟，然后放入白糖煮至溶化，即可出锅装碗。

Part 4
怡神茶咖啡

《健康果蔬汁365》

巧梅花绿茶

原料 巧梅花2朵，绿茶3克。

调料 蜂蜜1大匙。

制作步骤 Method

1 将巧梅花去掉杂质，用清水浸泡片刻，捞出，沥净水分。

2 把绿茶放入玻璃杯中，加入适量的沸水冲泡一下，滗去沸水。

3 再加上巧梅花，倒入250毫升的沸水调匀，盖上玻璃盖，闷约3分钟。

4 待巧梅花、绿茶出香味后，再加入蜂蜜调匀，即可饮用。

清热绿茶饮 10分钟

原料 干桂花少许，绿茶5克。

调料 糖桂花1小匙。

制作步骤 Method

1 将干桂花去掉杂质，用适量的温水浸泡几分钟，沥净水分。

2 把绿茶放入玻璃杯中，加入适量的沸水冲泡一下，滗去沸水。

3 再加上干桂花，倒入250毫升的沸水调匀，盖上玻璃盖，闷约3分钟，加上糖桂花调拌均匀即可。

葡萄绿茶 15分钟

原料 葡萄10粒，绿茶5克。

调料 白糖适量，矿泉水100毫升。

制作步骤 Method

1 把葡萄洗净，剥去外皮，切开成两半，去掉葡萄子，取葡萄果肉。

2 将绿茶用适量的沸水浸泡2分钟，再滤入杯中成绿茶水。

3 葡萄果肉放在容器内，加入白糖、矿泉水捣烂，过滤取葡萄汁。

4 把葡萄汁倒入盛有绿茶水的杯中调拌均匀，即可饮用。

青梅绿茶 15分钟

原料 青梅50克, 绿茶10克。

原料 冰糖15克, 矿泉水100克。

制作步骤 Method

1 将青梅去掉杂质, 用清水浸泡片刻, 取出青梅, 沥水, 去掉果核。

2 取一半的青梅, 放入果汁机内, 加上矿泉水搅打成青梅汁。

3 将绿茶用沸水泡开, 滤入杯中; 冰糖放入沸水中溶化, 再加入绿茶浸泡5分钟。

4 最后把绿茶汁滤入杯中, 加入青梅、青梅汁搅匀即可。

薄荷绿茶 15分钟

原料 绿茶10克, 薄荷叶5片。

原料 蜂蜜2小匙, 矿泉水200毫升。

制作步骤 Method

1 将薄荷叶用温水浸泡片刻并洗净, 沥净水分, 和绿茶一同放入玻璃杯中。

2 把矿泉水放入热水器内加热至沸, 倒入加有薄荷叶和绿茶的杯内, 加盖焖5分钟, 再加入蜂蜜搅匀即可。

牛奶绿茶 （15分钟）

原料 绿茶10克，牛奶100克。

调料 蜂蜜2小匙，矿泉水100毫升。

制作步骤 *Method*

1 将绿茶放入玻璃杯中；把矿泉水加热至沸，倒入盛有绿茶的杯中调匀，加盖焖约5分钟成绿茶水。

2 把牛奶倒入奶锅内，加热至沸，出锅，倒入绿茶水内调拌均匀，再加入蜂蜜搅匀，即可饮用。

银耳瘦身茶 （30分钟）

原料 银耳20克，绿茶5克。

调料 冰糖15克。

制作步骤 *Method*

1 将银耳用温水泡发，取出，沥净水分，去掉菌蒂，撕成小块。

2 把银耳块放入锅中，加入冰糖和适量的清水煮至熟，倒入杯中。

3 将绿茶放玻璃杯内，用适量的沸水冲泡一下，再加盖闷约5分钟，然后滤入银耳汤中，调匀即可。

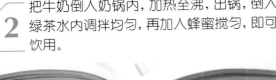

石菖蒲甘草茶 20分钟

原料 茉莉花、石菖蒲、绿茶各适量,甘草2片。

调料 蜂蜜1大匙。

制作步骤 Method

1 将茉莉花、石菖蒲、甘草用清水浸泡片刻并洗净,沥净水分。

2 将茉莉花、石菖蒲、甘草和绿茶放入玻璃杯中,加入500毫升沸水冲泡。

3 再加盖后闷约5分钟,放入蜂蜜调拌均匀,即可饮用。

大黄绿茶 15分钟

原料 绿茶5克,大黄3克。

调料 冰糖25克,矿泉水250毫升。

制作步骤 Method

1 净锅置火上,加入矿泉水和冰糖熬煮至溶化,过滤后去掉杂质成冰糖水。

2 将大黄洗净,放在玻璃杯内,加入适量的沸水浸泡几分钟,滗去热水。

3 再加入绿茶,倒入热的冰糖水冲泡5分钟,即可饮用。

苍术升麻绿茶 20分钟

原料 鲜绿茶10克,鲜荷叶5克,升麻3克,苍术2克。

调料 蜂蜜2小匙。

制作步骤 Method

1 升麻、苍术分别洗净,切成碎粒;荷叶放入沸水锅内煮2分钟,取出,切碎。

2 将升麻、苍术、荷叶、绿茶放入玻璃杯内,加入约200毫升沸水泡开。

3 再加上蜂蜜调匀,稍闷3分钟,即可滤入净杯中饮用。

白萝卜绿茶饮 20分钟

原料 白萝卜250克，黄瓜1/2根（约150克），紫苏叶少许，绿茶汁150毫升。

调料 蜂蜜2大匙。

制作步骤 Method

1 将白萝卜洗净，去根，削去外皮，切成块；黄瓜洗净，去皮，也切成块。

2 紫苏叶用温水浸泡几分钟，捞出，沥净水分，切成碎粒。

3 将白萝卜块、黄瓜块、紫苏放入果汁机中，加上绿茶汁、蜂蜜，用中速搅打均匀成汁，即可饮用。

延年益寿茶 15分钟

原料 杭菊花10克，龙井茶5克。

调料 冰糖25克，矿泉水250毫升。

制作步骤 Method

1 净锅置火上，加入矿泉水和冰糖熬煮至溶化，过滤后去掉杂质成冰糖水。

2 将龙井茶放入杯中，加入适量的沸水冲泡一下，滗去沸水。

3 再加上烧沸的冰糖水调匀，加盖后闷约5分钟；将杭菊花洗净，放入泡好的茶叶中，即可饮用。

陈皮甘草姜汁茶 20分钟

原料 陈皮20克，甘草、绿茶各5克。

调料 姜块15克，冰糖25克。

制作步骤 Method

1 将陈皮、甘草去掉杂质，放在容器内，加上适量的温水浸泡几分钟，捞出沥净；姜块去皮，洗净，切成小片。

2 将陈皮、甘草、姜片、绿茶和冰糖放入清水锅中烧沸，撇去浮沫。

3 再关火后浸泡约10分钟，取出，滤入玻璃杯中，即可饮用。

芦荟美容茶 15分钟

原料 芦荟叶100克,绿茶5克。

调料 糖桂花5克。

制作步骤 Method

1 将芦荟叶用清水洗净,擦净表面水分,削去小刺,去掉外皮,切成薄片,放入沸水锅内焯煮一下,捞出。

2 净锅置火上,加入芦荟片和糖桂花煸炒片刻,取出,放在玻璃杯内。

3 再加入绿茶,放入约250毫升的沸水冲泡,盖上玻璃盖后稍闷5分钟即可。

柚子鲜姜绿茶饮 20分钟

原料 柚子250克,绿茶汁150毫升。

调料 鲜姜20克,矿泉水100毫升。

制作步骤 Method

1 将柚子洗净,剥去外皮,去掉白色筋络,取柚子瓣,切成小块,再去掉子;鲜姜洗净、去皮,切成大片。

2 将柚子块、鲜姜片和矿泉水放入果汁机中,中速搅打成柚子鲜姜汁,

3 把柚子鲜姜汁倒入玻璃杯中,加入绿茶汁调匀即可。

红枣绿茶 15分钟

原料 红枣10枚,绿茶5克。

调料 红糖适量。

制作步骤 Method

1 将红枣洗净,沥净水分,切成两半,去掉枣核,取净枣果肉。

2 净锅置火上,加入400毫升的清水烧沸,倒入枣肉,用小火煮烂成枣汁。

3 将绿茶放入玻璃杯中,加入少许的沸水浸泡5分钟成绿茶汁。

4 把熬煮好的枣汁滤入杯中,加入绿茶汁、红糖调匀,即可饮用。

核桃绿茶饮 30分钟

原料 核桃150克, 绿茶5克。

调料 白砂糖1大匙, 植物油适量。

制作步骤 *Method*

1 将核桃洗净, 放入蒸锅内, 用旺火蒸10分钟, 取出, 去掉外壳, 取核桃仁。

2 净锅置火上, 加入植物油烧至三成热, 下入核桃仁炸酥, 出锅晾凉, 研成粉末。

3 将绿茶、白砂糖、核桃粉末放入玻璃杯中, 加入约500毫升沸水冲泡5分钟 (加盖), 即可饮用。

祛病强身茶 7天

原料 菌母膜、母液各适量, 红茶5克。

调料 白砂糖1大匙。

制作步骤 *Method*

1 将红茶、白砂糖放入锅中, 加入适量的清水烧沸, 用小火煮约10分钟, 离火晾凉, 滤入消毒的大口瓶中。

2 将菌母膜、母液放入盛有红茶汁的大口瓶中, 用纱布封好口, 放在阴凉处7天, 即可倒入杯中饮用。

降火柠檬茶 30分钟

原料 橙子3个, 柠檬2个, 红茶包1个。

调料 蜂蜜、冷开水各适量。

制作步骤 *Method*

1 将橙子、柠檬分别洗净, 先各取1个切成10块; 再将另外的橙子、柠檬切成瓣, 去皮及核, 放入果汁机中榨汁。

2 将橙子块、柠檬块放入锅中, 加入冷开水烧沸, 转小火煮10分钟。

3 再加入橙子汁、柠檬汁煮沸, 然后放入蜂蜜、红茶煮约5分钟, 即可倒入杯中饮用。

何首乌龙茶 30分钟

原料 何首乌30克，槐角、冬瓜皮、山楂各20克，乌龙茶5克。

原料 蜂蜜适量。

制作步骤 Method

1 将槐角、何首乌分别洗净，沥净水分；把冬瓜皮洗净，切成小块；山楂洗净，去蒂，切成两半，去掉果核。

2 净锅置火上，加入适量的清水煮沸，放入槐角、何首乌、冬瓜皮、山楂块煮约10分钟，去渣、留药汁。

3 将药汁倒入锅中煮沸，再放入乌龙茶续煮5分钟，加入蜂蜜调匀，即可倒入杯中饮用。

柠檬红茶 15分钟

原料 柠檬2个，红茶10克。

调料 蜂蜜2小匙，矿泉水250毫升。

制作步骤 Method

1 将柠檬洗净，取1/2个柠檬，切成小片；把剩余的柠檬去掉果核，放入果汁机内，加入100毫升的矿泉水搅打成柠檬汁。

2 红茶放入杯中，加入烧沸的150毫升矿泉水，加盖后闷5分钟，然后加入蜂蜜、柠檬汁搅匀即可。

姜汁红茶饮 20分钟

原料 红茶包1个。

调料 鲜姜1块, 红糖2小匙。

制作步骤 Method

1 把红茶包放玻璃杯内, 加入适量的沸水浸泡5分钟, 去掉红茶包, 留红茶汁。

2 将鲜姜洗净, 擦净表面水分, 削去外皮, 再切成细姜丝。

3 净锅置火上, 倒入红茶汁烧沸, 放入细姜丝熬煮5分钟。

4 离火后出锅, 倒入玻璃杯 (或茶杯) 中, 再放入红糖调匀即可。

姜汁红茶 15分钟

原料 红茶20克, 柠檬汁15克。

调料 姜汁2小匙, 矿泉水250毫升, 蜂蜜1大匙。

制作步骤 Method

1 将红茶去掉杂质, 放入玻璃杯中, 倒入烧沸的矿泉水调匀, 加盖后闷10分钟成红茶汁。

2 待红茶汁晾凉后, 加入蜂蜜、柠檬汁、姜汁搅匀, 即可饮用。

佩兰藿香茶 15分钟

原料 藿香、佩兰各10克，红茶5克。

调料 冰块适量。

制作步骤 Method

1 将藿香、佩兰分别洗净，放在容器内，加入少许温水浸泡5分钟，取出沥水；冰块用利器砸碎。

2 将红茶、藿香、佩兰放入玻璃杯中，加入200毫升沸水冲泡，再加盖闷约5分钟。

3 然后倒入另外的玻璃杯中晾凉，饮用时放入碎冰块调匀即可。

金银花山楂茶 20分钟

原料 山楂100克，金银花15克，红茶5克。

调料 蜂蜜适量。

制作步骤 Method

1 将金银花去掉杂质，用清水浸泡片刻并洗净，沥净水分。

2 山楂洗净，去蒂，切成两半，去掉山楂果核，取净山楂果肉。

3 将红茶、金银花、山楂果肉放入杯中，加入200毫升沸水冲泡。

4 再加盖后闷约10分钟，然后放入蜂蜜调拌均匀，即可饮用。

提神红茶 15分钟

原料 什锦水果适量，雪碧、啤酒各100毫升，红茶5克。

调料 蜂蜜少许，矿泉水200毫升。

制作步骤 Method

1 将什锦水果切成小粒；矿泉水放入热水器内加热至沸。

2 把红茶放入玻璃杯内，加入烧沸的矿泉水冲泡，再加盖闷约3分钟，滤出红茶汁，倒入杯中。

3 将雪碧、啤酒倒入红茶汁中调匀，再加入什锦水果粒即可。

润肺核桃茶 20分钟

原料 核桃150克，红茶10克。

调料 冰糖、碎冰块、植物油各适量。

制作步骤 Method

1 将核桃放入蒸锅内，用旺火蒸10分钟，取出，砸碎外壳，取出核桃仁，剥去子皮。

2 净锅置火上，放入植物油烧至四成热，下入核桃仁炸至酥香，捞出沥油，碾成碎粒。

3 将红茶、核桃仁碎、冰糖放入玻璃杯中，加入200毫升沸水冲泡。

4 再加盖后闷约5分钟，晾凉，饮用时加入碎冰块调匀即可。

补血红枣茶 15分钟

原料 红枣10枚，红茶5克。

调料 白糖1大匙。

制作步骤 Method

1 将红茶用200毫升沸水冲泡，再加盖闷约5分钟，去掉红茶，取净红茶汁。

2 将大枣洗净，沥净水分，切成两半，去掉果核，取大枣果肉。

3 把大枣果肉放入净锅内，加入适量清水和白糖煮至熟烂。

4 撇去浮沫和杂质，加入红茶汁煮3分钟，即可饮用。

罗汉果嫩肤茶 90分钟

原料 罗汉果1个，红茶5克。

调料 蜂蜜适量。

制作步骤 Method

1 将罗汉果用温水浸泡片刻并洗净，捞出，沥净水分，砸碎。

2 净锅置火上，加入750毫升清水烧沸，放入罗汉果，用小火煮约1小时成罗汉果水。

3 把红茶用开水冲净，放入玻璃杯内，倒入适量的罗汉果水冲泡，盖上杯盖闷3分钟，饮用时加上蜂蜜调匀即可。

红枣养心茶 30分钟

原料 红枣10枚,红茶包1个。

调料 红糖适量。

制作步骤 Method

1 将红枣洗净,沥净水分,切成两半,去掉枣核,取净红枣果肉。

2 净锅置火上,放入适量清水烧沸,加入红枣果肉,小火熬煮至烂,取红枣汁。

3 将红茶包放入玻璃杯中,加入100毫升沸水冲泡,再加盖闷约5分钟成红茶水。

4 将熬煮好的红枣汁倒入红茶水中,加入红糖调匀即可。

玫瑰蜂蜜茶 20分钟

原料 红茶10克,玫瑰花3朵,柠檬汁5克。

调料 蜂蜜2小匙,矿泉水200毫升。

制作步骤 Method

1 将红茶、玫瑰花分别用温水浸泡片刻并洗净,捞出,沥净水分,一同放入玻璃杯中。

2 再加入烧沸的矿泉水调匀,加盖后焖10分钟成红茶水,然后加入蜂蜜、柠檬汁搅拌均匀,即可饮用。

玫瑰洋参茶 ③⑩分钟

原料 玫瑰花3朵，绿茶15克，西洋参10克。

调料 蜂蜜1大匙，矿泉水250毫升。

制作步骤 *Method*

1 将西洋参用温水浸泡片刻，捞出沥水，切成小片，放在玻璃杯内，再加上绿茶、玫瑰花调拌均匀。

2 然后倒入烧沸的矿泉水，加盖后闷约10分钟，加入蜂蜜搅匀，放入冰箱内冷藏保鲜，饮用时取出即成。

薏仁黄芪茶 ⑨⓪分钟

原料 薏仁50克，黄芪20克，生姜15克，红枣、海带各10克。

调料 蜂蜜少许。

制作步骤 *Method*

1 将海带洗净，切成小块，放入沸水锅内焯烫一下，捞出；薏仁淘洗干净；生姜去皮，切成小片；红枣去掉果核。

2 净锅置火上，加入清水、薏仁、姜片和红枣烧沸，转中火煮约5分钟。

3 再加入洗净的黄芪煮出味道，然后倒入杯中，闷泡15分钟，加上蜂蜜拌匀即可。

菊花酒茶 25分钟

原料 杭菊花3克, 红酒包1个。

调料 冰糖25克, 矿泉水400毫升。

制作步骤 Method

1 把冰糖用利器砸碎, 放人净锅内, 加入矿泉水熬煮成冰糖汁, 出锅后用细纱布过滤去掉杂质, 取净冰糖水。

2 将红酒包放入玻璃杯中, 加入烧沸的冰糖水冲泡, 再加盖闷约5分钟。

3 将杭菊花洗净, 放人泡好的酒汁中, 再加盖闷3分钟, 即可饮用。

玫瑰蜜饮 15分钟

原料 干玫瑰花15克。

调料 冰糖、冰块各适量。

制作步骤 Method

1 将干玫瑰花先用清水洗净, 放在容器内, 加入适量的温水拌匀, 浸泡10分钟, 捞出玫瑰花, 沥净水分。

2 把玫瑰花放人玻璃杯中, 加人300毫升沸水冲泡, 再加盖闷约5分钟。

3 然后放人砸碎的冰糖、冰块调拌均匀, 即可饮用。

冬瓜桃花饮 25分钟

原料 干桃花、冬瓜仁各15克。

调料 蜂蜜适量。

制作步骤 Method

1 将干桃花、冬瓜仁分别洗净, 放在干净容器内, 加上适量的清水调匀, 上屉旺火蒸10分钟, 取出。

2 把蒸好的桃花、冬瓜仁滗去水分, 一起放人杯中, 加人300毫升沸水冲泡。

3 加盖后闷约10分钟, 饮用时加入蜂蜜调拌均匀即成。

杞子桂圆茶 ⏱15分钟

原料 龙眼50克，枸杞子10克，绿茶3克。

调料 蜂蜜少许。

制作步骤 *Method*

1 将龙眼剥去外壳，取出果肉，去掉果核；枸杞子用清水洗净。

2 把绿茶放入玻璃杯中，加入少许沸水冲泡一下，滗去沸水，加入龙眼肉和枸杞子，再倒入300毫升沸水冲泡。

3 加盖后闷约20分钟，然后滤入杯中，加入蜂蜜调匀，即可饮用。

紫菀花茶 ⏱20分钟

原料 紫菀10克，花茶5克。

调料 糖桂花1小匙，矿泉水250毫升。

制作步骤 *Method*

1 将紫菀用温水浸泡并洗净，放在小碗内，上屉蒸5分钟，取出。

2 把矿泉水、糖桂花放入净锅内烧沸，用小火熬煮几分钟成糖桂花水。

3 把花茶洗净，放入干净的玻璃杯中，加入烧沸的糖桂花水冲泡，再加盖后闷约5分钟，即可饮用。

薰衣草薄荷茶 ⏱15分钟

原料 薰衣草、薄荷叶各3克。

调料 蜂蜜适量。

制作步骤 *Method*

1 将薰衣草、薄荷叶分别用清水浸泡片刻并洗净，放入沸水锅内焯煮一下，捞出，用冷水过凉，沥净水分。

2 把薰衣草、薄荷叶放入玻璃杯中，加入200毫升沸水冲泡。

3 再加盖后稍闷约5分钟，然后放入蜂蜜调拌均匀，即可饮用。

甘菊嫩肤茶 15分钟

原料 洋甘菊10克。

调料 冰糖25克。

制作步骤 Method

1 将洋甘菊放容器内,加上适量的热水浸泡几分钟,捞出,沥净水分。

2 净锅置火上,放入500毫升纯净水烧沸,下入冰糖熬煮至溶化。

3 出锅过滤去掉杂质,倒在玻璃杯内,加入洋甘菊拌匀冲泡。

4 盖上玻璃杯盖,稍闷几分钟,放入糖桂花拌匀,即可饮用。

花果健胃茶 40分钟

原料 芒果1个,橘子2个,金盏花、芙蓉花各3克。

调料 蜂蜜2大匙。

制作步骤 Method

1 将芒果剥去外皮,去掉果核,取芒果果肉,切成小块;橘子洗净,剥去外皮,去掉筋络,取橘子瓣,切成块。

2 把芒果块、橘子块放入果汁机内,用中速搅打成果汁,取出。

3 金盏花、芙蓉花放入杯中,加入300毫升沸水冲泡,再加盖闷15分钟,然后放入果汁、蜂蜜调匀即可。

荷叶甘草茶 30分钟

原料 荷叶1/2张,滑石、白术各10克,甘草6克。

调料 白糖1大匙。

制作步骤 Method

1 将荷叶洗净,放入沸水锅内焯煮一下,捞出,用冷水过凉,沥水,切碎。

2 净锅置火上,加入清水(约750毫升)烧沸,下入荷叶碎、滑石、白术、甘草调匀。

3 先用旺火烧沸,再改用中小火熬煮约20分钟,出锅,滤入玻璃杯中成药汁。

4 将白糖放入加工好的药汁中调拌均匀,晾凉即可饮用。

花草健康茶 （30分钟）

原料 洋甘菊、薰衣草、马乔莲、覆盆子叶、燕麦穗、薄荷叶、迷迭香、香蜂草各适量。

调料 蜂蜜少许。

制作步骤 ♥Method

1. 将洋甘菊、薰衣草、马乔莲、覆盆子叶、燕麦穗、薄荷叶、迷迭香、香蜂草分别洗净。

2. 净锅置火上，加入750毫升清水烧沸，再加入洋甘菊、薰衣草、马乔莲、覆盆子叶、燕麦穗、薄荷叶、迷迭香、香蜂草熬煮约10分钟成药汁。

3. 离火后出锅，过滤去掉杂质，倒在茶杯内，饮用时加上蜂蜜调匀即成。

玫瑰养胃茶 （20分钟）

原料 玫瑰花、迷迭香各5克。

调料 蜂蜜1大匙，矿泉水500毫升。

制作步骤 ♥Method

1. 将玫瑰花、迷迭香择洗干净，放在干净容器内，加上适量的温水浸泡10分钟，捞出玫瑰花、迷迭香，沥水。

2. 净锅置火上，加入矿泉水、玫瑰花、迷迭香调匀，用旺火煮5分钟。

3. 加入蜂蜜，转小火熬煮5分钟，离火，倒到玻璃杯内，即可饮用。

花草蜂蜜汁 （30分钟）

原料 玫瑰花10克，茉莉花5克，金盏花、薰衣草各3克。

调料 蜂蜜、纯净水、冰块各适量。

制作步骤 ♥Method

1. 将玫瑰花、茉莉花、薰衣草、金盏花分别择洗干净，沥净水分。

2. 净锅置火上，加入纯净水烧沸，倒入玫瑰花、茉莉花、薰衣草、金盏花熬煮成药汁。

3. 离火晾凉，用细纱布过滤去掉杂质，取净汁，倒在玻璃杯内，再加入蜂蜜拌匀，放入砸碎的冰块，即可饮用。

蓝莓薄荷茶 15分钟

原料 蓝莓叶、玫瑰花瓣、木槿花、柠檬草、红花、陈皮、薄荷叶各3克。

调料 生姜1小块。

制作步骤 *Method*

1 把姜块洗净，削去外皮，切成小片；蓝莓叶、玫瑰花瓣、木槿花、柠檬草、红花、陈皮、薄荷叶分别洗净。

2 把姜片、蓝莓叶、玫瑰花瓣、木槿花、柠檬草、红花、陈皮、薄荷叶放入杯中。

3 加入约500毫升的沸水冲泡，再加盖后闷约5分钟，即可饮用。

菊花红果茶 20分钟

原料 红茶10克，干菊花3朵，红果3个。

调料 矿泉水250毫升，冰糖25克。

制作步骤 *Method*

1 将红果洗净，切开成两半，去掉果核，取净果肉；干菊花洗净，放入热水中浸泡片刻，捞出沥水。

2 把红果果肉、红茶、干菊花一同放入杯中，加入烧沸的矿泉水，加盖闷10分钟，再加入冰糖搅匀即可。

玫瑰甜茶 20 分钟

原料 干玫瑰花苞10个。

调料 蜂蜜1大匙。

制作步骤 *Method*

1 将干玫瑰花苞放在容器内，加上适量的温水拌匀，浸泡10分钟，捞出。

2 净锅置火上，放入500毫升的清水烧沸，加入玫瑰花苞煮5分钟。

3 离火出锅，去掉杂质，倒在干净玻璃杯中，再加盖闷约5分钟。

4 然后放入蜂蜜调拌均匀，放入冰箱内冷藏保存，饮用时取出即成。

三花茶 15 分钟

原料 白菊花、金银花各3克，茶叶5克。

调料 蜂蜜1大匙，纯净水300毫升。

制作步骤 *Method*

1 将茶叶、白菊花、金银花分别用温水洗净，沥净水分，全部放在杯中。

2 把纯净水放入热水器内加热至沸，倒入盛有茶叶、白菊花和金银花的杯内，再加盖闷约10分钟，加入蜂蜜调匀，即可饮用。

茵陈荷叶饮 20分钟

原料 茵陈20克，荷叶15克。

调料 冰糖适量。

制作步骤 Method

1 将茵陈、荷叶分别用温水浸泡并且洗净，捞出，沥净水分，切成碎片，放在杯内。

2 净锅置火上，加入500毫升的清水烧沸，下入冰糖熬煮至溶化。

3 撇去浮沫和杂质，倒在盛有茵陈碎、荷叶碎的杯内。

4 再加盖后闷约5分钟出香味，放入冰箱内冷藏保存，饮用时取出即成。

开胃橘子茶 20分钟

原料 橘子2个，红茶包1个。

调料 蜂蜜适量。

制作步骤 Method

1 将橘子洗净，剥去外皮，去掉果核，剥成小橘子瓣，再除去白膜，放入果汁机中，中速搅打成橘子汁。

2 将红茶包放入杯中，加入橘子汁和200毫升沸水冲泡。

3 加盖后再闷约2分钟，然后放入蜂蜜调拌均匀，即可饮用。

桂花润肤茶 30分钟

原料 绿茶10克，干桂花5克。

调料 冰糖、矿泉水各适量。

制作步骤 Method

1 将干桂花、茶叶放入容器内，加入适量的温水拌匀，浸泡5分钟，捞出沥水。

2 净锅置火上，加入矿泉水烧沸，放入冰糖熬煮至溶化。

3 撇去浮沫和杂质，下入桂花、绿茶调匀，用中火熬煮几分钟。

4 离火出锅，倒在干净的容器内，再放入冰箱内冷藏保存，饮用时取出即成。

五花美容茶 20 分钟

原料 玫瑰花、茉莉花、紫罗兰、金盏花、芙蓉花各3克。

调料 蜂蜜2小匙。

制作步骤 *Method*

1 将玫瑰花、茉莉花、紫罗兰、金盏花、芙蓉花分别洗净，沥净水分。

2 把玫瑰花、茉莉花、紫罗兰、金盏花、芙蓉花全部放入玻璃杯内。

3 加入约500毫升的沸水冲泡，加盖闷约10分钟，再加入蜂蜜调匀，即可饮用。

花草入眠茶 25 分钟

原料 迷迭香、香蜂草、薰衣草各3克。

调料 冰糖适量。

制作步骤 *Method*

1 将迷迭香、香蜂草、薰衣草分别去掉杂质，再换温水漂洗干净，沥水。

2 净锅置火上，加入适量的清水烧沸，放入迷迭香、香蜂草、薰衣草，再沸后撇去浮沫，用小火熬煮5分钟。

3 放入冰糖熬煮至溶化，离火，滗入玻璃杯内，即可饮用。

养生润肺茶 20 分钟

原料 干桂花10克。

调料 糖桂花1小匙，冰糖适量。

制作步骤 *Method*

1 将干桂花去掉杂质，放在容器内，加上少许温水浸泡几分钟，捞出。

2 净锅置火上，放入清水烧沸，下入干桂花焯烫一下，捞出，沥净水分。

3 再把干桂花放入玻璃杯中，加入约300毫升的沸水冲泡，加入糖桂花调匀。

4 加盖后闷约5分钟成茶汁，再把冰糖放入茶汁中调匀，即可饮用。

枣杞黄芪茶 `20 分钟`

原料 红枣30克，枸杞子20克，黄芪15克。

调料 冰糖少许。

制作步骤 *Method*

1 将黄芪用温水浸泡并洗净，捞出，沥净水分；把红枣洗净，去蒂，切成两半，去掉枣核，取净枣肉。

2 净锅置火上，加入适量的清水稍煮，下入黄芪、红枣煮至沸。

3 再转小火续煮10分钟，然后加入洗净的枸杞子，继续煮约5分钟，离火出锅，用细纱布过滤后取茶汁，倒入杯中即成。

菊花乌龙茶 `15 分钟`

原料 乌龙茶10克，干菊花3朵，柠檬汁5克。

调料 蜂蜜1大匙，纯净水400毫升。

制作步骤 *Method*

1 净锅置火上，加入纯净水烧沸，下入蜂蜜搅拌均匀，过滤后取净蜂蜜水。

2 将乌龙茶、干菊花分别择洗干净，一同放入杯中，再加入烧沸的蜂蜜水，加盖焖10分钟，然后加入柠檬汁搅匀即可。

润肤养颜茶 ⟨30分钟⟩

原料 红茶10克，干菊花3朵，玫瑰花2朵。

调料 矿泉水300毫升，冰糖10克。

〔制作步骤〕♥Method

1 将乌龙茶、干菊花、玫瑰花分别择洗干净，沥净水分，全部放入玻璃杯中。

2 把矿泉水放入热水器中加热至沸，倒入盛有红茶的杯内，加盖焖10分钟，加入冰糖搅匀，即可饮用。

川贝甘草茶 ⟨30分钟⟩

原料 茶叶10克，川贝母、款冬花、甘草各5克，杏仁3克，麻黄2克。

调料 冰糖50克。

〔制作步骤〕♥Method

1 将川贝母、款冬花、麻黄、杏仁分别洗净，沥净水分。

2 把川贝母、款冬花、麻黄、杏仁放在净锅内，放入沸水锅内焯煮几分钟。

3 再加入茶叶、甘草和冰糖，继续用中小火熬煮30分钟成茶汁，离火，倒在容器内，放入冰箱内冷藏，饮用时取出即可。

玫瑰茉莉茶 `15 分钟`

原料 玫瑰花10克，茉莉花5克，马鞭草、矢车菊各3克。

调料 蜂蜜1大匙。

制作步骤 Method

1　将玫瑰花、茉莉花、马鞭草、矢车菊分别洗净，放在容器内，加上少许温水浸泡几分钟，捞出，沥净水分。

2　把玫瑰花、茉莉花、马鞭草、矢车菊放入杯中，加入300毫升沸水冲泡。

3　再加盖闷约5分钟，最后放入蜂蜜调拌均匀，即可饮用。

美容益寿茶 `15 分钟`

原料 洋甘菊10克，薰衣草5克，金盏花、柠檬草各3克。

调料 糖桂花1小匙。

制作步骤 Method

1　将洋甘菊、薰衣草、金盏花、柠檬草分别洗净，放在容器内，加上少许温水浸泡几分钟，捞出沥水。

2　把洋甘菊、薰衣草、金盏花、柠檬草放入大玻璃杯中，加入适量的毫升沸水冲泡。

3　再盖上玻璃杯盖，闷约5分钟，放入糖桂花调拌均匀即成。

强身菊花饮 `20 分钟`

原料 七彩菊10朵。

调料 冰糖、蜂蜜、纯净水适量。

制作步骤 Method

1　将七彩菊洗净，放在容器内，加上少许温水浸泡几分钟，捞出沥水。

2　净锅置火上，放入纯净水烧沸，下入冰糖熬煮至溶化。

3　出锅去掉杂质，趁热倒入盛有七彩菊的玻璃杯内冲泡一下。

4　再加盖后闷约10分钟，加入蜂蜜调拌均匀，即可饮用。

白莱姆火咖啡 ⟨10 分钟⟩

原料 柠檬1个（约125克），咖啡150毫升，白莱姆酒15毫升。

调料 白砂糖包1个。

制作步骤 ♥Method

1 将柠檬洗净，擦净水分，先切成两半，再切成半圆片。

2 把咖啡置于微波炉内加热，取出，倒入玻璃杯中约七分满。

3 再放入柠檬片，淋上白莱姆酒，然后附带白砂糖包，点火后上桌即可。

水果冰咖啡 ⟨30 分钟⟩

原料 咖啡250毫升，水果酒适量。

调料 冰块适量。

制作步骤 ♥Method

1 将咖啡倒入玻璃杯中，放入冰箱冷藏室内晾20分钟至凉，取出。

2 把冰块用利器砸碎，放入盛有咖啡的玻璃杯内搅拌均匀成冰咖啡。

3 再慢慢倒入凉水果酒，充分搅拌均匀，即可上桌饮用。

瘦身咖啡 ⟨10 分钟⟩

原料 冰咖啡1杯（约200毫升），蓝莓糖浆25毫升，椰肉适量。

调料 白砂糖、碎冰块各适量，蜂蜜1大匙。

制作步骤 ♥Method

1 将冰咖啡、蓝莓糖浆、蜂蜜、少许碎冰块放入果汁机中。

2 先用中速略搅片刻，再加入椰肉、白砂糖，继续搅打均匀成咖啡饮。

3 取出，倒入净玻璃杯中，再加入少许的碎冰块调匀，即可饮用。

石榴咖啡 20分钟

原料 紫葡萄10粒，石榴1/3个（约75克），冰咖啡150毫升。

调料 白砂糖、冰块各适量。

制作步骤 Method

1 将葡萄洗净，擦净水分，剥去外皮，去掉葡萄子，取净葡萄果肉；石榴剥去外皮，再剥下石榴颗粒。

2 将冰块用利器砸碎，放入玻璃杯中，先加入冰咖啡、白砂糖稍拌。

3 再放入葡萄果肉、石榴颗粒拌匀，放入冰箱内冷藏，饮用时取出即可。

肉桂牛奶咖啡 60分钟

原料 冰咖啡1杯（约2000毫升），牛奶120毫升，肉桂粉适量。

调料 白糖1大匙。

制作步骤 Method

1 将1/2冰咖啡倒入模具内，放入冰箱冷冻室内冷冻成咖啡冰块。

2 将牛奶加入白糖，放入净锅中煮至沸，离火，倒入玻璃杯中，慢慢注入剩下的冰咖啡（使牛奶泡沫浮在上面）。

3 然后撒上肉桂粉调匀，放入冻好的咖啡冰块，即可饮用。

莱姆酒冰咖啡 20分钟

原料 橙子1个，冰咖啡、牛奶各100毫升，咖啡利口酒、白莱姆酒各10毫升，鲜奶油30克。

调料 白砂糖1大匙。

制作步骤 Method

1 把橙子洗净，剥去外皮，去掉白色筋络，取橙子瓣，放入果汁机内，中速搅打片刻，取出成橙汁。

2 将咖啡利口酒、白莱姆酒倒入玻璃杯中，先加入白砂糖调匀。

3 再注入冰咖啡、牛奶，旋上鲜奶油，淋入橙汁，即可饮用。

果味薄荷咖啡 15分钟

原料 菠萝100克，冰咖啡150毫升，橙汁30毫升，薄荷汁20毫升，鲜奶油15克。

调料 冰块适量。

制作步骤 ✦Method

1 将菠萝削去果皮，去掉果眼，取菠萝果肉，切成大片。

2 把菠萝片放入果汁机中，加入橙汁、冰咖啡、薄荷汁搅打均匀。

3 取出，放在容器内，放入砸碎的冰块，旋入鲜奶油即可。

红糖咖啡奶 15分钟

原料 咖啡、牛奶各150毫升。

调料 红砂糖2小匙，精盐1小匙，糖桂花少许，冰块适量。

制作步骤 ✦Method

1 净锅置火上烧热，倒入牛奶，旺火加热至沸，撇去浮沫。

2 加入咖啡、红砂糖、精盐，改用小火熬煮3分钟至均匀。

3 离火后晾凉，倒入玻璃杯中，放入冰块和糖桂花调匀，即可饮用。

可可草莓咖啡 20分钟

原料 冰咖啡、牛奶各100毫升，冰砂粉60克，草莓果酱、可可糖、鲜奶油各适量。

调料 冰块适量。

制作步骤 ✦Method

1 净锅置火上烧热，倒入牛奶，旺火加热至沸，撇去浮沫。

2 出锅后晾凉，倒入玻璃杯内，放上砸碎的冰块，再淋入草莓果酱。

3 将冰砂粉、可可糖、冰咖啡放入容器内，调匀后倒入盛有牛奶的玻璃杯中，再旋上一层鲜奶油即可。

奶油冰淇淋咖啡 20分钟

原料 咖啡1杯 (约200毫升), 奶油冰淇淋60克, 糖浆25毫升。

调料 冰块适量。

制作步骤 Method

1 把咖啡倒在玻璃杯内, 放入微波炉内加热, 取出, 晾凉, 再加上少许砸碎的冰块调匀成冰咖啡。

2 将冰块用利器砸碎, 放入果汁机内, 加入糖浆、奶油冰淇淋调匀。

3 用中速搅打均匀, 再加入冰咖啡搅拌均匀, 即可倒入杯中饮用。

鲜奶油玫瑰咖啡 20分钟

原料 冰咖啡1杯 (约200毫升), 鲜奶油适量, 玫瑰花少许。

调料 白糖适量。

制作步骤 Method

1 将玫瑰花放入沸水中浸泡出味, 再取玫瑰花汁, 倒入杯中, 加入白糖拌匀并且晾凉。

2 将鲜奶油放入果汁机中, 加入冰咖啡搅打均匀, 再倒入玫瑰花汁杯中调匀, 旋上一层鲜奶油即可。

樱桃草莓咖啡 20分钟

原料 冰咖啡150毫升，樱桃白兰地酒50毫升，草莓适量。

调料 白砂糖、冰块、蜂蜜各适量。

制作步骤 Method

1 把草莓用淡盐水浸泡并洗净，取出，去掉蒂，放入果汁机内，加上蜂蜜搅打均匀，取出成草莓酱。

2 将冰咖啡、白砂糖放入玻璃杯中，先再加入砸碎的冰块拌匀。

3 再放入白兰地酒、草莓果酱充分搅拌均匀，即可饮用。

原味冰淇淋咖啡 10分钟

原料 冰咖啡150毫升，原味冰淇淋60克，鲜奶油、七彩糖粒各适量。

调料 冰块适量。

制作步骤 Method

1 将冰咖啡倒入玻璃杯中，加入原味冰淇淋充分搅匀。

2 再旋上一层鲜奶油，撒上七彩糖粒和砸碎的冰块，即可饮用。

奶油薄荷咖啡 30分钟

原料 热咖啡150毫升，温牛奶120毫升，奶油50克，薄荷适量。

调料 冰块适量。

制作步骤 Method

1 薄荷洗净，放入沸水锅内焯烫一下，捞出，切碎，放入果汁机内，加上少许砸碎的冰块搅拌均匀成薄荷汁。

2 将热咖啡、温牛奶倒入玻璃杯中搅拌均匀，晾凉后加入碎冰块调匀。

3 再旋上一层鲜奶油，撒上调好的薄荷汁，即可饮用。

杏仁酒咖啡 40分钟

原料 咖啡粉50克，杏仁酒、鲜奶油各适量。

调料 白砂糖、冰块各适量。

制作步骤 Method

1 将咖啡粉放在容器内，倒入适量的沸水冲泡成热咖啡，放入冰箱内冷藏，晾凉。

2 饮用时取出，再加上少许砸碎的冰块调匀成冰咖啡。

3 把冰咖啡倒入玻璃杯中至七分满，再加入杏仁酒、白砂糖拌匀。

4 放入剩余的碎冰块充分搅匀，然后旋上一层鲜奶油，即可饮用。

白兰地水果咖啡 20分钟

原料 菠萝2片，橙子1个，葡萄5粒，冰咖啡150毫升，樱桃白兰地酒各适量。

调料 白砂糖、冰块各适量。

制作步骤 Method

1 将橙子洗净，切成小瓣，再去皮及核，取出果肉；葡萄洗净，剥去外皮，去掉葡萄子；菠萝去皮，切成小块。

2 把橙子、葡萄、菠萝片一起放入果汁机中，搅打成果汁。

3 将冰咖啡加入白砂糖调匀，倒入杯中，再加入果汁、樱桃白兰地酒、冰块搅拌均匀，即可饮用。

奶精粉咖啡 30分钟

原料 咖啡粉50克，奶精粉25克。

调料 白砂糖、冰块各适量。

制作步骤 ♥Method

1 将咖啡粉放在容器内，倒入适量的沸水冲泡成热咖啡，放入冰箱内冷藏。

2 饮用时取出咖啡，再加上少许砸碎的冰块调匀成冰咖啡。

3 将冰咖啡倒入玻璃杯中，先加入白砂糖搅拌均匀，再放入奶精粉调匀，最后加入砸碎的冰块拌匀即可。

香橙冰淇淋咖啡 30分钟

原料 冰淇淋100克，咖啡粉50克，奶精粉25克。

调料 白砂糖、冰块各适量。

制作步骤 ♥Method

1 将咖啡粉放在容器内，倒入适量的沸水冲泡成热咖啡，放入冰箱内冷藏。

2 饮用时取出，再加上少许砸碎的冰块调匀成冰咖啡。

3 把制作好的冰咖啡倒入玻璃杯中，加入白砂糖搅拌均匀，再放入奶精粉、砸碎的冰块调匀，最后摆上冰淇淋即可。

牛奶咖啡 10分钟

原料 咖啡粉50克，玉桂粉、牛奶各适量。

调料 白砂糖、碎冰块各适量。

制作步骤 ♥Method

1 将咖啡粉放在容器内，倒入适量的沸水冲泡成热咖啡，放入冰箱内冷藏。

2 饮用时取出，再加上少许砸碎的冰块调匀成冰咖啡。

3 将玉桂粉放入果汁机中，加入冰咖啡搅打均匀，再倒入杯中。

4 放入牛奶、白砂糖调拌均匀，然后撒入碎冰块即可。

浓郁热咖啡 /15 分钟/

原料 咖啡粉50克。

调料 冰糖、冰块各适量。

制作步骤 Method

1 将咖啡粉放在容器内，倒入适量的沸水冲泡成热咖啡。

2 将加工好的热咖啡倒入玻璃杯中，先加入冰糖搅拌均匀至溶化。

3 滗去热咖啡表面的浮沫，再放入砸碎的冰块调拌均匀，即可饮用。

绿茶奶油咖啡 /30 分钟/

原料 咖啡粉50克，绿茶粉少许，鲜奶油适量。

调料 白砂糖1大匙。

制作步骤 Method

1 将咖啡粉放在容器内，倒入适量的沸水冲泡成热咖啡，放入冰箱内冷藏。

2 饮用时取出，再加上少许砸碎的冰块调匀成冰咖啡。

3 将冰咖啡加入白砂糖调匀，倒入杯中，再旋上一层鲜奶油，撒上绿茶粉即可。

图书在版编目（CIP）数据

健康果蔬汁365 / 汪涧主编. -- 长春 ：吉林科学技术出版社，2016.1
ISBN 978-7-5578-0015-4

Ⅰ. ①健… Ⅱ. ①汪… Ⅲ. ①果汁饮料－制作②蔬菜－饮料－制作 Ⅳ. ①TS275.5

中国版本图书馆CIP数据核字(2015)第285323号

健康果蔬汁**365**

主　　编　汪　涧
出 版 人　李　梁
策划责任编辑　张恩来
执行责任编辑　赵　渤
封面设计　长春创意广告图文制作有限责任公司
制　　版　长春创意广告图文制作有限责任公司
开　　本　710mm×1000mm　1/16
字　　数　150千字
印　　张　10
印　　数　1—7000册
版　　次　2016年1月第1版
印　　次　2016年1月第1次印刷

出　　版　吉林科学技术出版社
发　　行　吉林科学技术出版社
地　　址　长春市人民大街4646号
邮　　编　130021
发行部电话/传真　0431-85677817　85635177　85651759
　　　　　　　　　85651628　85600611　85670016
储运部电话　0431-86059116
编辑部电话　0431-85659498
网　　址　www.jlstp.net
印　　刷　吉林省吉广国际广告股份有限公司

书　　号　ISBN 978-7-5578-0015-4
定　　价　18.00元
如有印装质量问题可寄出版社调换